能源时代新动力丛书

未来能源的主导
核能

杜伟娜◎著

北京工业大学出版社

图书在版编目（ＣＩＰ）数据

未来能源的主导——核能 / 杜伟娜著. —北京：北京
工业大学出版社，2015.6

（能源时代新动力丛书 / 李丹主编）

ISBN 978-7-5639-4328-9

Ⅰ.①未… Ⅱ.①杜… Ⅲ.①核能—普及读物
Ⅳ.①TL-49

中国版本图书馆 CIP 数据核字（2015）第 102558 号

未来能源的主导——核能

著　　者： 杜伟娜

责任编辑： 茹文霞

封面设计： 尚世视觉

出版发行： 北京工业大学出版社

　　　　　　（北京市朝阳区平乐园 100 号　邮编：100124）

　　　　　　010-67391722（传真）　bgdcbs@sina.com

出 版 人： 郝　勇

经销单位： 全国各地新华书店

承印单位： 九洲财鑫印刷有限公司

开　　本： 787毫米×1092毫米　1/16

印　　张： 16.5

字　　数： 191 千字

版　　次： 2015 年 8 月第 1 版

印　　次： 2015 年 8 月第 1 次印刷

标准书号： ISBN 978-7-5639-4328-9

定　　价： 30.00 元

前　言

在这个化石能源日益匮乏的时代，核能以自己独特的特点，被人们看作能够支撑能源未来的品种，能够在未来能源战场上起主导的作用。核能具有以下特点：资源相对丰富，能量密度大，对环境的污染较少。

我们知道，原子核的体积非常小，却能够释放很大的能量，单位重量核燃料释放的能量要比化学能大几百万倍。一小块核燃料蕴含的能量就相当于几十吨煤。因而，使用核能可以减轻运输压力。

现在，利用核能所发的电已经可以和常规发电站的电能在价格上一较高下。而且，核能的使用，对生活环境的污染非常小，使用过程中的安全系数也是最高的。

提到核能安全系数，很多人会想到1986年4月26日，苏联的切尔诺贝利核电站发生的重大爆炸事故。但经过专家鉴定，切尔诺贝利核电站事故主要原因是人为失误而造成的。况且当时正处于发展核电初级阶段，当时的核电站设备存在不成熟的地方，也是正常的。每一件事物，都需要由初始走向完善。

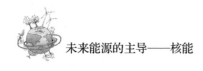

　　而提到设备，又有人会质疑 2011 年的福岛核电站事故。但大自然的灾难，是人类目前很难抗衡的困境。即便如此，相对于煤矿、石油、天然气的开采和使用过程中出现的种种灾难，核电安全系数仍然是最高的。

　　在未来新能源的成绩单上，只有核能的分数最为理想。说核电为能源主导，并非言过其实。传统能源不断衰竭，而风能、海洋能、太阳能等新能源尚处于初步发展阶段，真正可以应用的效能并不是很大。

　　核能最能登上能源主导宝座的资本，就是自己的"高密度能量"与"长久持续性"。高能量密度的核能让即使在地球上储量并不丰富、价格堪比黄金的核燃料也能够用来发电。据国际原子能机构统计，截至 2013 年 12 月，全球有 436 台核电机组在运行。

　　可以说，核能已经在世界的各个角落安家落户。核能有两种来源，一种是核裂变，另一种是核聚变。今天的核电站尽管有各种不同的结构，但是利用的能量几乎无一例外的都是核裂变能。地球上裂变材料铀的储量并不丰富，但是由于每个核电站每年需要的核燃料极少，所以，核裂变能在世界上得到了广泛的推广。

　　核能并不是不能长久利用，核聚变的燃料在地球上有着丰富的储量，于是，人们将"长久持续性"的希望寄托在"核聚变"的身上。虽然，和核裂变相比，核聚变需要更加苛刻的条件，但是我们相信，科学家经过积极的努力探索，最终将会为人们呈现出一个完善的可持续聚变反应堆——相当于在地球上创造出了一颗微型的恒星。

　　在不久的将来，当核能能够在更大范围上襄助人类生活时，人类距离彻底解决能源问题的时间就不远了。虽然，"切尔诺贝利核事故"、"福岛核事故"让很多人心有余悸，甚至使得一些国家开始放弃核电项目。但是，在如今这个化石能源逐渐走向衰竭、众多新能源应用不成熟的时代，潜力巨大，并且应用技术相对成熟的核能终会成为照耀人类未来的耀眼曙光。

本书以生动的语言和清晰的思路详细介绍了核能的发展历程、应用领域、未来图景，为读者展现出了一幅精彩、全面的核能发展宏图。让读者在历史长河、身边生活、未来展望的画面里清晰地了解到核能这一未来主导的新能源。

目 录

第一章　揭开核能神秘的面纱

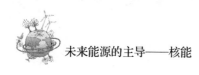
第二章　了解核电站，从这里开始

第三章　魔力之源——核反应堆

第四章　核燃料及燃料循环

第五章　中国核能创业史

第六章 谁来指路：核能的未来

第七章　核威胁，并非空穴来风

第一章　揭开核能神秘的面纱

　　人类经过不断探索研究，终于发现了在未来发展中能够承载人类能源希望的核能。核，其实就是原子核。提到核，人们总会觉得核是看不见、摸不到的神秘、抽象的粒子。然而，在这触摸不到的神秘背后，原子核里却蕴藏着极其巨大的能量。现在就让我们一探究竟。

　　人们把原子核发生裂变或聚变反应时产生的能量，称为核能。那么，原子核之间又是怎样发生互相作用的呢？核能是通过什么样的方式释放出来的呢？我们通过阅读可以获得答案。

第一节　原子核有多少秘密

人们对于未知事物的好奇，促使人们进行不断的探索和研究。自从卢瑟福发现原子的核式结构以来，人们对于微观世界的奥秘更加感兴趣了。

随着各种学说的提出和科学技术的发展，核技术也越来越广泛地影响到人们的日常生活。但是作为理论和技术的前沿领域，原子核的结构是什么样的？为什么会存在巨大的能量？原子核既能成就人类，也能毁灭人类的说法是耸人听闻吗？这些都隐藏在原子核的小小空间里。

一、原子核"出生"记

关于万事万物的组成，我国古代思想家用五行（金、木、水、火、土）理论来说明世界万物的形成及其相互关系。而在西方，数千年前，古希腊著名的哲学家德谟克里特就提出了"原子"的概念，认为自然界的一切物质都是由一些坚硬不可分的小颗粒构成，并将这些"小微粒"命名为原子。

德谟克里特还认为，原子具有不同的性质，大自然中同时存在各种各样的原子，有的原子比较轻，所以它们组成的物质就能够四处漂移和渗漏。比如，空气等。而有的原子比较重，它们虽然彼此压得很近，但是还是能够流动，比如，各种液体。而有的原子又大又重，它们结合得更加紧密，因而形成了固体。

站在如今的角度来看，德谟克里特的说法还是有一定的合理性的。但是，这个概念当时并没有引起人们的重视，由于没有科学实验依据，加上宗教势力认为这是不正确的学说，在这之后的2000 多年时间里，人们一直没有正确地认识到物质的结构。

直到 1803 年，英国著名的科学家道尔顿将 2000 多年前的原子假说引入了科学主流，并且建立了原子模型，提出原子是组成物质的基本的粒子，它们是坚实的、不可再分的实心球。

1904 年，英国人汤姆逊提出了原子的枣糕式模型，认为原子是一个球体，正电荷均匀分布在整个球内，而电子却像枣糕里的枣子那样镶嵌在原子里面。

原子是一个平均分布着正电荷的粒子，其中镶嵌着许多带有负电荷的电子，中和了正电荷，从而使得原子呈现不带电的中性。电子第一次被人们感知到了它的存在。

1911 年，卢瑟福原子模型认为，在原子的中心有一个带正电荷的核，它的质量几乎等于原子的全部质量，电子在它的周围沿着不同的轨道运转，就像行星环绕太阳运转一样。原子核第一次出现在了人们的视野里。

1913 年，玻尔原子模型认为，电子在原子核外空间的一定轨道上绕核做高速的圆周运动。

这是人们在认知原子核的路上，一步步走过的脚印。时间走到了现在，科学家已经能利用电子显微镜和扫描隧道显微镜拍摄原子图像的照片。人们发现，原子的结构并不是枣糕式的。

能源时代新动力丛书

现代人们认识到的原子由最内层的原子核和围绕原子核旋转的核外电子组成。原子核带正电荷，原子的正电荷全部集中于原子核内。

电子是带负电核的，而且电子的负电荷和原子核的正电荷电量是同等的，所以，无论是整个原子还是由许许多多个原子构成的物质，都是既不带正电，也不带负电。总体呈现中性。

二、原子核的尺度和密度

通过上文，我们知道了原子并不是不可以再分的实心球体，原子也不是大小都一样的。原子的大小是由核外运动的电子所占的空间来表征的。比如，以铝原子为例，铝原子的半径为 1.82×10^{-10} 米，密度是 2.7×10^3 千克/立方米。

从上面的两个数字，我们可以看出，原子非常小，小到普通的显微镜根本看不到它。但是，原子还可以再分，最中心的就是原子核，原子核的体积更小，只占原子体积的万分之一。

更加奇妙的是，原子核这么小，但原子质量的 99.95% 以上都集中在原子核内。质量很小的电子在原子核外的空间做有规律的高速绕核运动，原子核和核外电子相互吸引，组成中性的原子。

下面我们来认识一下原子核。原子核也称作核子，由原子中所有的质子和中子组成。

质子是一种带 1.6×10^{-19} 库仑正电荷的亚原子粒子，直径约 $1.6 \times 10^{-15} \sim 1.7 \times 10^{-15}$ 米，质量是 $1.672\,623\,1 \times 10^{-27}$ 千克，大约是电子质量的 1836.5 倍。质子属于重子类。原子核中质子数目决定其

化学性质和它属于何种化学元素。

中子是组成原子核的核子之一。中子是组成原子核构成化学元素不可缺少的成分，虽然原子的化学性质是由核内的质子数目确定的，但是如果没有中子，由于带正电荷质子间的排斥力，就不可能构成除氢之外的其他元素。

原子核的半径约等于 1.07×10^{-15} 米，原子半径的数量级大约是 10^{-10} 米，由此看来，原子核的半径远远小于原子的半径。

如果单纯提取原子核（当然，以现在的技术手段还难以达到），就可以知道原子核的密度极大，核密度约为 10^{14} 克/立方厘米，即 1 立方厘米的体积如果装满原子核，其质量将达到 10^{11} 吨。

试验表明，原子核的形状比较接近于球形，原子核的大小一般用原子核的直径来衡量。这就使得测量更加不容易。事实上，原子核的半径用直接的办法还不能测量出来，只能通过原子核与其他粒子的相互作用间接测量。

构成原子核的质子和中子之间存在着巨大的吸引力，能克服质子之间所带正电荷的斥力而结合成原子核，使原子在化学反应中原子核不发生分裂。当一些原子核发生裂变（原子核分裂为两个或更多的核）或聚变（轻原子核相遇时结合成为重核）时，会释放出巨大的原子核能，即原子能。例如，核能就是原子裂变或聚变所产生的。

三、质能转化——核能的秘密

核能可以说是近代人类最伟大的发现之一。核能的问世，是建立在人们对原子结构认识的基础上，经过了一个较长的知识准备期。从 19 世纪末至 20 世纪初期，人们进行了一系列的探索研究。

1897 年，英国物理学家汤姆逊发现了电子。与此前后，德国物理学家伦琴发现了 X 射线，法国物理学家贝克勒尔发现了放射性，居里夫人发现了放射性元素钋，随后经过四年的艰苦努力又发现了放射性元素镭。英国物理学家卢瑟福发现了带一个单位正电荷的质子。英国物理学家查得威克发现了原子核存在不带电性的中子。德国科学家奥托哈恩和斯特拉斯曼用中子轰击铀原子核，发现了核裂变现象。

我们知道，构成物质的原子由原子核和围绕原子核运动的电子构成，类似于地球和围绕地球的卫星。原子核又是由数个紧密集合在一起的质子和中子构成。有些元素可以自发地放出射线，称为放射性元素。射线包括 α 射线（氦原子核流）、β 射线（高速电子流）、γ 射线（高能光子流）这三种射线。其中，γ 射线因不带电性，穿透能力最强。

放射性元素在释放看不见的射线后会变成其他的元素，在这个过程中，原子的质量会有所减轻。

后来，美国著名的犹太裔科学家爱因斯坦在相对论中指出，物质的质量和能量是同一事物的两种不同形式。质量消失的同时也会产生能量，两者之间有一定的定量关系。这就是爱因斯坦质能方程：$E=mc^2$。

根据爱因斯坦质能方程，我们可以知道，当较重的原子核转变成较轻的原子核时会发生质量亏损，损失的质量转换成巨大的能量，这就是核能的本质。

那么，原子核是怎样裂变的呢？当中子撞击铀原子核时，一个铀原子核吸收一个中子而分裂成两个较轻的原子核。同时，发生质量转换，释放出大量的能量，并产生两个或三个新的中子，继续撞击其他铀原子核。在一定条件下，新产生的中子会继续引起更多的铀原子核裂变，这样一代代传下去，像链条一样环环相扣，迅速集聚极大的能量，这就是核裂变反应，或称为链式裂变反应。

人类已经知道，链式裂变反应能够释放出巨大的能量，比如，1千克铀-235裂变释放出的能量相当于2500吨标准煤燃烧产生的能量。目前，经科学家研究表明，只有铀-233、铀-235和钚-239这三种核素可以由能量为0.025电子伏特（代表1个电子经过1伏特的电位差加速后所获得的动能。一个电子所带电量为-1.6×10^{-19}库仑）的热中子引起核裂变。其中只有铀-235是天然存在的，在天然铀中的含量仅为0.7%。而铀-233、钚-239只能在核反应堆中得到。

链式反应可以在瞬间释放巨大的能量，那么，如果人为对链式反应进行控制，就可以使核能缓慢地释放出来，实现这种过程的设备叫作核反应堆。核反应堆一般是通过控制核裂变反应中新产生的中子的数量或吸收多余的中子来控制链式裂变反应的速度，将核能缓慢地释放出来的装置，到目前为止，核反应堆是安全利用核能的最好方式。

四、核裂变的主要燃料——铀

知道了什么是链式反应，那么，维持链式反应的燃料是什么呢？目前，核裂变的核燃料主要是铀。天然铀通常由3种同位素构成：铀-238，约占铀总量的99.3%；铀-235，占铀的总量不到0.7%；还有极少量的铀-234。当铀-235的原子核受到中子轰击时会分裂成两个质量近于相等的原子核（变成铀-236），同时放出2~3个中子。

铀-238的原子核不是直接裂变，而是在吸收快中子后变成另外一种核燃料——钚-239。还有另外一种金属钍-232，它的原子核吸收一个中子后也可以变成一种新的核燃料——铀-233。铀-235和钚-239可以通过裂变产生核能，成为核裂变物质。铀-238则通过生成钚-239后再通过裂变产生核能。所以铀-235、钚-239、铀-238通称为核燃料。

但是，核裂变燃料有自己的特殊性。与一般的矿物燃料相比，核燃料有两个突出的特点：一是生产过程复杂，要经过采矿、加工、提炼、转化、浓缩、燃料元件制造等多道工序才能制成可供反应堆使用的核燃料；二是还要进行"后处理"。基于以上原因，目前世界上只有为数不多的国家能够生产核燃料。核燃料价格昂贵，这个问题在本书后文会有详细说明。

和化石燃料不同的是，核燃料的另一特征是能够循环使用。化石燃料燃烧后，剩下的是不能再燃烧的灰渣。而核燃料在反应堆中除未用完而剩下部分核燃料外，还能产生一部分新的核燃料，这些核燃料经加工处理后可重新使用。所以为了获得更多的核燃料，也为了妥善处理这些"核废料"，从用过的核燃料中回收这一部分核燃料就显得特别重要。所谓核燃料循环，就是指对核燃料的反复使用。当然在反复使用过程中核燃料也是逐步消耗的。

铀如此重要，但是地球上的铀储量有限，已探明的仅5×10^6吨，其中有经济开采价值的仅占一半，为此人们想方设法地在寻找铀资源。经过多年的研究发现海水中也含有铀。据估计，虽然每 1000 吨海水中仅含铀 3 克，但全球有 1.5×10^{15} 吨海水，因而含铀总量高达 4.5×10^6 吨，几乎比陆地上的铀含量多千倍。如按热值计算，45 吨铀-235 裂变约相当于完全燃烧 1×10^5 吨优质煤，比地球上全部煤的地质储量还多千倍。

这不仅仅是一个巨大的数字。因此，从 20 世纪 70 年代开始，一些发达国家已开始着手研究海水提铀技术。目前已开发的海水提铀工艺技术有沉淀法、吸附法、浮选法和生物浓缩法等，其中吸附法比较成熟。

吸附法提铀是利用一种特殊的吸附剂将海水中的铀富集到吸附剂上，然后再从吸附剂上"分离"出铀。但海水提铀在现阶段还存在一些经济和技术上的问题，主要是成本太高。不过随着科学的发展，如将海水提铀和波浪发电、海水淡化、海水化学资源的提取等结合起来，海水提铀的成本会降低，而且还将为海洋的综合利用开辟更广阔的天地。

五、核聚变的材料

科学家经过多年的努力，发现最容易实现核聚变反应的是原子核中最轻的核，如氢、氘、氚、锂等。其中最容易实现的热核反应是氘和氚聚合成氦的反应。据计算，1 克氘和氚燃料在聚变中所产生的能量相当于 8 吨石油，是 1 克的铀-235 裂变时产生的能量的 3.2 倍。因此氘和氚是核聚变最重要的核燃料。

作为核燃料之一的氘，地球上的储量特别丰富，每升海水中含氘 0.034 克（虽然每 6000 多个氢原子里只有一个氘原子，但一个水分子里有 2 个氢原子），地球上有 1.5×10^{15} 吨海水，海水中的氚含量几乎是取之不尽、用之不竭的。

作为另一种核燃料氚，就是另外一种情况。海水里的氚含量极少，因此只能从地球上藏量很丰富的锂矿里分离出来。此外还有另一种获得氚的方法，把含氚、锂、硼或氮原子的物质放到具有强大中子流的原子核反应堆中，或者用快速的氚原子核去轰击含有大量氘的化合物（如重水），也可以得到氚。海水中也含有丰富的锂，每立方米海水中锂的含量多达 0.17 克。

核聚变的核燃料丰富，释放的能量大，聚变中的氢及聚变反应生成的氦都对环境无害，因此尽快实现可控的核聚变反应是 21 世纪人类面临的共同任务。

小资料：领错的诺贝尔奖

中子被发现后，科学家就利用它去轰击各种元素，研究核反应。以费米为首的一批青年人，轰击当时元素周期表上最后一个元素铀。当用中子轰击时，他们发现铀居然被激活了，并产生出很多种其他的元素。

费米等人认为，在这些铀的衰变产物中，有一种是原子序数为 93 的新元素。这是由中子打进铀原子核里，使铀的原子量增加而转变成的新元素。

1938 年 11 月 10 日，距离发现"93 号元素"四年多以后，费米接到来自斯德哥尔摩的电话，表彰他认证了由中子轰击所产生的新的放射性元素，以及他在这一研究中发现由慢中子引起的反应。

1938 年 11 月 22 日，哈恩把分裂原子的报告寄往柏林《自然科学》杂志，该杂志 1939 年 1 月便登出了哈恩的论文，推翻了费米的试验结果。显而易见，诺贝尔奖发错了。

听到这个惊人的消息，费米的第一个反应是来到哥伦比亚大学实验室，利用那里的设备，重复了哈恩的试验，结果和哈恩的试验相对比并无差别。

这件事，对费米来说是非常难堪的。但费米坦率地检讨和总结了自己错误的判断，表现出了一位科学家服从真理的高尚品质。

第二节　探寻核能之路

起初，科学家们只是想清楚地看清原子结构，却不经意间打开了核能爆发的大门。科学家们在试验中发现，当中子撞击到铀核时，铀核会如细胞分裂繁殖般地无限扩散，能量也随之不断地增加。直至最后，释放出惊人的能量。

原子弹震耳欲聋的爆炸声与巨大的蘑菇云，标志着横空出世的核能从理论走向了现实。小小的原子核会有如此巨大的能量，让人们惊叹不已。然而，探寻核能之路，却是科学家们一步步艰难走过的。

一、发现核能之路

我们知道，原子核内蕴藏着巨大的能量，这就是核能。核能在科学上还有更加严谨的定义。

很早人们就已经知道核能（或称原子能）是通过转化其质量从原子核释放的能量，符合爱因斯坦的质能方程 $E=mc^2$，其中 E 代表能量，m 代表质量，c 代表光速常量。

核能的释放有三种方法：比较常用的是核裂变，就是打开原

子核的结合力。与核裂变相对应的是核聚变，就是将原子核的粒子熔合在一起。还有一种就是自然发生的核衰变，其实就是慢得多的裂变形式。

其实，从英国物理学家汤姆逊发现了电子开始，人们就意识到关于原子的理论知识可能会带给人们较多的改变。

最早的是1895年德国物理学家伦琴发现了X射线。

1896年，法国物理学家贝克勒尔发现了放射性。

1898年，居里夫人与居里先生发现新的放射性元素钋。

1902年，居里夫人经过四年的艰苦努力又发现了放射性元素镭。

1905年，爱因斯坦提出质能转换公式。

1914年，英国物理学家卢瑟福通过实验，确定氢原子核是一个正电荷单元，称为质子。

1935年，英国物理学家查得威克发现了中子。

1938年，德国科学家奥托·哈恩用中子轰击铀原子核，发现了核裂变现象。

1942年12月2日，美国芝加哥大学成功启动了世界上第一座核反应堆。

1945年8月6日和9日，美国先后将两颗原子弹投在了日本的广岛和长崎。

1954年，苏联建成了世界上第一座核电站——奥布宁斯克核电站。

1945年之前，人类在能源利用领域只涉及物理变化和化学变化。"二战"时，原子弹诞生了。人类开始将核能运用于军事、能源、工业、航天等领域。美国、俄罗斯、英国、法国、中国、日本、以色列等国相继展开对核能应用前景的研究。

小资料：我看见了自己的骨头

1895 年 11 月 8 日是一个星期五。晚上，德国维尔茨堡大学的整个校园都沉浸在一片静悄悄的气氛当中，大家都回家度周末去了。但是还有一个房间依然亮着灯光。灯光下，年过半百的学者威廉·伦琴凝视着一沓灰黑色的照相底片在发呆，仿佛陷入了深深的沉思……

他在思索什么呢？原来，伦琴以前做过一次放电实验，为了确保实验的精确性，他事先用锡纸和硬纸板把各种实验器材都包裹得严严实实，并且让阴极射线透过一个没有安装铝窗的阴极管。可是现在，他却惊奇地发现，对着阴极射线发射的一块涂有氰亚铂酸钡的屏幕（这个屏幕用于另外一个实验）发出了光。

而放电管旁边这沓原本严密封闭的底片，现在也变成了灰黑色——这说明它们已经曝光了！这个一般人很快就会忽略的现象，却引起了伦琴的注意，使他产生了浓厚的兴趣。他想：底片的变化，恰恰说明放电管放出了一种穿透力极强的新射线，它甚至能够穿透装底片的袋子！一定要好好研究一下。不过既然目前还不知道它是什么射线，于是取名"X 射线"。此后，伦琴开始了对这种神秘的 X 射线的研究。

他先把一个涂有磷光物质的屏幕放在放电管附近，结果发现屏幕马上发出了亮光。接着，他尝试着拿一些平时不透光的较轻物质——比如书本、橡皮板和木板——放到放电管和屏幕之间去挡那束看不见的神秘射线，可是谁也不能把它挡住，在屏幕上几乎看不到任何阴影，它甚至能够轻而易举地穿透 15 毫米厚的铝板！

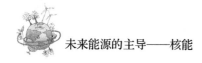

直到他把一块厚厚的金属板放在放电管与屏幕之间，屏幕上才出现了金属板的阴影——看来这种射线还是没有能力穿透太厚的物质。实验还发现，只有铅板和铂板才能使屏不发光，当阴极管被接通时，放在旁边的照相底片也将被感光，即使用厚厚的黑纸将底片包起来也无济于事。

接下来更为神奇的现象发生了，一天晚上伦琴很晚也没回家，他的妻子来实验室看他，于是他的妻子便成了在那不明辐射作用下在照相底片上留下痕迹的第一人。当时伦琴要求他的妻子用手捂住照相底片。当显影后，夫妻俩在底片上看见了手指骨头和结婚戒指的影像。

基于伦琴射线的这个性质，人们想到了将它用于医学和探测方面，现在，X 射线依旧在为人们服务。

二、质能公式与原子核能

在宏观科学界，物质遵循着这样的两个规律：一个是，物质质量既不会增加，也不会减少，只会由一种形式转化为另一种形式；另一个是，能量既不会凭空产生，也不会凭空消失，它只能从一种形式转化为另一种形式，或者从一个物体转移到另一个物体，在转移或转化过程中其总量保持不变。

这就是大家熟悉的质量守恒定律和能量守恒定律。但是，在很长的时间里，人们都没有把物质的质量与能量两个概念联系在一起。后来，爱因斯坦提出了一个全新的观点，他指出，人们通常所说的质量，只是物质存在的形式之一。

物质存在的另一种形式就是能量。能量和质量都是物质的一种属性。这样，能量守恒定律和质量守恒定律就获得了新的定义。爱因斯坦提出了表示质量和能量之间关系的公式：$E=mc^2$。

这就是通常所说的质能关系式，即能量等于质量乘以光速的平方。由此可见，在物质的质量和能量之间，存在着严格的正比关系。按此公式计算，任何 1 克质量的物体都有相当于 2500 万千瓦时电能的能量。这是不可想象的能量。

对原子核质量做精确测定时科学家们发现，它比组成它的质子和中子的质量之和要小。也就是说，单个核子的质量总是比结合在原子核里的每个核子的质量大。这说明：单个核子组成原子核时，由于核子间强大的核力作用，迫使核子相互强力碰撞而紧紧地结合时，发生了质量溅射。减少的这份质量，按照质能公式转化为能量释放出来。

于是，科学家把核子结合前后的质量差值，称为"质量亏损"，把结合时放出的能量称为"结合能"。例如 4 氦原子核是由 2 个质子和 2 个中子组成。核子数越多，原子核越大，总结合能也越大。

为了比较各种原子核的紧密程度，采用每个核子的平均结合能更为方便。平均结合能也称比结合能，其数值可用总结合能除以原子核的核子数得出。如上面氦原子核的平均结合能是 28.30/4=7.075 兆电子伏特。一般来讲，核子之间结合得越紧密，放出的结合能越大。比如，实验测得与氦相邻的锂原子核的平均结合能小于 6 兆电子伏特，和氦原子核相比，锂的比结合能小些，说明锂核比氦结合得松些。

所以，总体上来讲，各种原子核结合的紧密程度是不一样的。比结合能小的，结合就松。比结合能大的，结合就紧。曲线两边低、中间高，说明由单个核子组成中等质量的原子核时，付

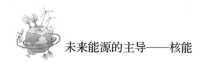

出的质量亏损要大，这种核结构就很牢固。而轻核和重核则相反，它们的成员在结合时付出的质量亏损要小，所以核结构较松散。

从上面的理论我们可以推导出，如果要利用核子的结合能（即核能），可以将某个重核分裂，变成中等质量核，中等质量核的结合能要比重核大，因此这个重核的每个核子就要继续发生质量亏损而放出能量，这就是所谓的核裂变法。

三、钚的发现

钚的发现对于人们熟识核裂变有着重要的意义。裂变材料钚的重要性可以从一个比方说起。毋庸置疑，火对我们的生活有多么重要，如果没有火所提供的熟食，人类恐怕要退回到原始时代。但是如果追溯火是怎样被古人类发现的，我们就可以想象古人类可能偶然在饥饿时，尝到了森林中来不及逃走而被野火烧死的兽肉，于是火开始被人们用来将食物烤熟。

为了自己满足随时对火的需求，人类学会了从被动地利用自然之火到学会保存火种，再到发现用撞击火石产生的火花点燃易燃物的引火方法。

在裂变材料的名单里，有铀-235、铀-233、钚-239等几种。铀-235是天然铀的一种同位素，平均每1000个铀原子中仅有7个铀-235原子。铀-233在自然界不存在，而必须在反应堆中用钍-239转变而成。钚-239同铀-233一样，在地球形成的初期就衰变光了，要生产它，也要借助核反应堆。

钚的原子序数为94，元素符号是 Pu，是一种具放射性的超铀元素。半衰期为 24.5 万年。它属于锕系金属，外表呈银白色，接触空气后容易锈蚀、氧化，在表面生成无光泽的二氧化钚。

钚有六种同位素和四种氧化态，易和碳、卤素、氮、硅起化学反应。钚暴露在潮湿的空气中时会产生氧化物和氢化物，其体积最大可膨胀 70%，屑状的钚能自燃。钚是一种放射性毒物，会于骨髓中富集。因此，操作、处理钚元素具有一定的危险性。

钚在室温下以 α 型存在，是元素最普遍的结构（同素异形体），质地如铸铁般坚硬而易脆，但与其他金属制成合金后又变得柔软而富延展性。钚和多数金属不同，它不是热和电的良好导体。它的熔点很低（640 摄氏度），而沸点异常的高（3327 摄氏度）。

钚是 1940 年由格伦·西博格、埃德温·麦克米伦、约瑟夫·肯尼迪等于美国加利福尼亚州的伯克利发现的。

钚作为人工放射性的同位素，应战争需要而问世并发挥了它的作用，钚主要是建造原子弹的材料。这一点，同天然放射性铀有所不同。

在钚的发现方面，人们进行了多次探索和试验，最终发现钚-239 可以从铀-238 吸收一个中子后产生出来。铀-238 虽然可用性不大，但它将钚-239 推荐给人类，导致寻找铀-235 以外的新裂变材料的努力获得成功。

钚可以是核裂变的产物。如果在反应堆中使用天然铀，那么，铀-235 的裂变能不仅可以用来发电，而且，因为其中铀-238 在吸收中子后，可以变为钚-239，这就等于说，天然铀反应堆同时完成了两项任务：产生动力和再生产新的裂变材料——钚。

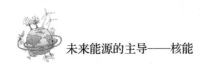

裂变材料铀-235 的消耗部分被钚-239 的产生所补偿，而且钚-239 比铀-235 更容易实现裂变，成为核武器中必不可少的核材料。

为了得到足够的钚，在核裂变发现以后的仅仅三年内，美国就迫不及待地在芝加哥建造了世界上第一座天然铀反应堆，那座反应堆释放出的大量热，被毫不吝惜地放掉了，人们像盼望婴儿出世一样，一心想念的是使反应堆中的铀转化为钚。

同位素钚-239 是核武器中最重要的裂变成分。将钚核置入反射体（质量数大的物质的反射层）中，能使逃逸的中子再反射回弹心，减少中子的损失，进而降低钚达到临界质量的标准量：从原需 16 千克的钚，可减少至 10 千克，即一个直径约 10 厘米的球体的量。它的临界质量约仅有铀-235 的三分之一。

"曼哈顿计划"期间制造的"胖子原子弹"型钚弹，为了达到极高的密度而选择了使用易爆炸、压缩的钚，再结合中心中子源，以刺激反应进行、提高反应效率。

钚弹只需 6.2 千克钚便可达到爆炸当量，相当于两万吨的三硝基甲苯（TNT）。在理想假设中，仅仅 4 千克的钚原料（甚至更少），只要搭配复杂的装配设计，就可制造出一个原子弹。

钚的发现以及原子弹爆炸带来的巨大的能量释放，让人们清楚地看到了核能的巨大威力。曼哈顿计划制造的原子弹"胖子"，在给长崎带来巨大灾难的同时，也让人们看到了核能不可想象的能量，从而坚定了和平利用核能的信心。

四、核能发电

原子核蕴藏着巨大的能量，人们想到了用核能进行发电。核能发电是利用核反应堆中核裂变所释放出的热能加热工作介质，然后带动发电机发电。它是实现低碳发电的一种重要方式。据不完全统计，截至 2013 年，全球正在运行的核电机组有 400 多座，核电发电量约占全球发电总量的 16%。而其中拥有核电机组最多的国家依次为：美国、法国、日本和俄罗斯。

举例而言，核电站每年要用掉 80 吨的核燃料，只要 2 个标准货柜就可以运载。如果换成燃煤，则需要 515 万吨，每天要用 20 吨的大卡车运 705 车才够。如果使用天然气，需要 143 万吨，相当于每天烧掉 20 万桶家用燃气。

关于核能发电的详细情况，本书后文会进行相关的介绍。

第三节　裂变，聚变，谁更牛

在核能利用方面，无论是将核能制造成原子弹、氢弹或者其他核武器，还是利用核能进行发电，都需要将原子核里面的能量转化出来。前文已经讲过，原子核的能量转化方式包括核裂变与核聚变。我们在这节就能够了解到裂变和聚变到底是怎么回事，它们存在着怎样的区别，哪种方式能够放出更多的能量。

一、元素周期表与原子序数

从上文我们知道，原子核是由带正电的质子和不带电的中子构成的，这样原子核就是带正电的，但是，我们还知道，原子核外还有电子在不停地围绕原子核作高速旋转，而电子所带的电荷为负电，这样，我们所知道的整个原子和由无数的原子所构成的物质就会呈现出不带电的中性。

自然界中有很多元素，每种元素对应的原子的原子核的质子数都是不一样的，于是人们为了揭示化学元素之间的内在联系，依照相对原子质量（一般认为是原子核中的质子数和中子数目的和）将各种原子进行了相应的排序，这就是元素周期表。

元素周期表中的质子数就是原子序数，指元素在周期表中的序号。数值上等于原子核的核电荷数（即质子数）或中性原子的核外电子数。原子核中有一个质子的原子序数就是 1，这就是氢元素，原子核中有两个质子，那么这种元素的原子序数就是 2，这就是氦元素。碳的原子序数是 6，它的核电荷数（质子数）或核外电子数也是 6。依次类推。

现代的周期表由门捷列夫于 1869 年创造，用以展现当时已知元素特性的周期性。1869 年的时候，当时已经发现了 63 种元素，科学家想到自然界是否存在某种规律，使元素能够有序地分门别类、各得其所。

1869 年，俄国 35 岁的化学教授门捷列夫苦苦思索着这个问题，他在连续思考元素与其原子量的关系达三天三夜之后，在疲倦中进入了梦乡。突然，一张表，一张日夜思索的元素周期表，进入了他的梦境，元素们纷纷落在合适的格子里。醒来后他立刻记下了这个表的设计理念：元素的性质随原子序数的递增，呈现有规律的变化。门捷列夫在他的表里为未知元素留下了空位，后来，很快就有新元素来填充，各种性质与他的预言惊人地吻合。

化学元素周期表根据原子序数从小至大排序的化学元素列表。列表大体呈长方形，某些元素周期中留有空格，使特性相近的元素归在同一族中，如卤素及惰性气体。这使周期表中形成元素分区。由于周期表能够准确地预测各种元素的特性及其之间的关系，因此，它在化学及其他科学范畴中被广泛使用，作为分析化学行为时十分有用的框架。

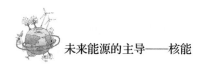

二、原子核裂变

原子弹以及核电站的能量来源都是核裂变。早期原子弹应用钚-239 为原料制成。而铀-235 裂变在核电站最常见。核裂变是由利瑟·迈特、奥托·哈恩及奥托·罗伯特·弗里施等科学家在 1938 年发现的。

我们首先认识一下什么是核裂变。核裂变在我国港台地区称作核分裂，是指由较重的（原子序数较大的）原子，主要是指铀或钚，分裂成较轻的（原子序数较小的）原子的一种核反应或放射性衰变形式。

一般，重核原子经中子撞击后，分裂成为两个较轻的原子，同时释放出数个中子，并且以 γ 射线的方式释放光子。释放出的中子再去撞击其他的重核原子，从而形成链式反应而自发分裂。原子核裂变时放出中子会放出热，核电站用以发电的能量即来源于此。因此，核裂变产物的结合能需大于反应物的结合能。

核裂变会将化学元素变成另一种化学元素，因此核裂变也是核迁变的一种。所形成的两个原子质量会有些差异，以常见的可裂变物质同位素而言，形成两个原子的质量比约为 3:2。大部分的核裂变会形成两个原子，偶尔会有形成三个原子的核裂变，称为三分裂变，大约每一千次会出现二至四次，其中形成的最小产物大小介于质子和氢原子核之间。

现代的核裂变多半是刻意产生，即由中子撞击引发的人造核反应。偶尔会有自发性的，因放射性衰变产生的核裂变不需要中子的引发，特别会出现在一些质量数非常高的同位素，其产物的组成有相当的概率性甚至混沌性。

核裂变是原子弹和核电站的能量来源。核燃料是指在核反应堆中通过核裂变或聚变产生实用核能的材料。

不同的是，在核电站中，其能量产生速率控制在一个较小的范围内，而在原子弹中能量以非常快速不受控制的方式释放。

由于每次核裂变释放出的中子数量大于一个，因此若对链式反应不加以控制，同时发生的核裂变数目将在极短时间内以几何级数形式增长。若聚集在一起的重核原子足够多，将会瞬间释放大量的能量。原子弹便应用了核裂变的这种特性。制成原子弹所使用的重核含量，需要在90%以上。

核能发电使用的核燃料中，铀-235的含量通常很低，在3%到5%，因此不会产生核爆。但核电站仍需要对反应堆中的中子数量加以控制，以防止功率过高造成堆芯熔毁的事故。通常会在反应堆的慢化剂中添加硼，并使用控制棒吸收燃料棒中的中子以控制核裂变速度。从镉以后的所有元素都能分裂。

核裂变时，大部分的分裂中子均是一分裂就立即释出，称为瞬发中子，少部分则在之后（一至数十秒）才释出，称为延迟中子。

核裂变并放出大量的能量，给人类利用核能带来了曙光。在前面提到的裂变中，一个中子轰击原子核后，分裂成两个碎片，同时放出大量的能量。如果停止释放中子，显然反应也就停止。

化学的链式反应是反应中的能量可再引起化学反应，直至反应结束，像一根火柴可以点燃一片森林一样。

与化学反应不同，要使核反应进行下去，依靠反应中剩余的能量是维持不下去的，因为反应是靠中子进行的。能否在反应中

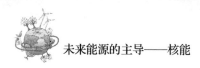

再产生中子，新的中子再去轰击原子核，直至全部原子核反应结束，这是链式反应能否持续进行的关键。

第一个考虑核链式反应的是匈牙利物理学家西拉德。他设想用一个足够大能量的快中子去轰击原子核，使它射出两个中子。原子核吸收一个中子，又放出两个中子，两个中子又各自击中了新的原子核，直到反应完毕。

不过他的这一设想并没实现，因为被释放的两个中子并没有足够的能量使下一个原子核再打出两个中子。

1941 年，俄国物理学家费列罗夫发现，铀原子在没有遇到中子的情况下偶尔也发生裂变。在 1 克普通的铀里，平均每分钟有一个铀核发生这样的"自发裂变"。所以只要把足够的铀放到一起，使它超过一定大小，裂变就会进行下去。

根据最初的估计，所需铀的数量非常大。在铀金属元素里，铀-238 占 99.3%，铀-235 占 0.7%。裂变刚发现时玻尔就已经提出，铀的裂变只是同位素铀-235。经过研究证明玻尔是正确的。

事实上，铀-238 倾向于吸收慢中子，但不发生裂变，而是放出 β 粒子，转变成镎和钚的同位素。铀-238 其实是妨碍了链式反应的进行。所以，一定数量的铀中，铀-235 越多，铀-239 越少，链式反应就越容易进行，所需的临界体积就越小。

铀原子核的分裂所产生的碎片带有大约 100 兆电子伏特的能量，但这些碎片并没对原子核的继续分裂产生贡献，因为碎片带较多的正电荷，库仑力使它们无法接近铀原子核。进一步研究发现，铀分裂时除了产生两个以上的碎片外，同时还产生几个中子。

例如，铀-235 在每次分裂中平均产生 2.5 个中子，这些中子在有效的距离内碰到铀-235 原子核，将会引起新的裂变。

铀裂变是较成熟的核应用技术，它既可做到瞬间释放巨大能量，也可以实现人工控制，逐渐释放能量。

三、核聚变

核聚变是核能应用的另一种形式。核聚变于 1932 年由澳大利亚科学家马克·欧力峰所发现。20 世纪 50 年代早期，他在澳大利亚国立大学成立了等离子体核聚变研究机构。

核聚变，又称核融合、融合反应或聚变反应，是将两个较轻的核结合而形成一个较重的核和一个很轻的核（或粒子）的一种核反应形式。两个较轻的核在融合过程中产生质量亏损而释放出巨大的能量，两个轻核在发生聚变时因它们都带正电荷而彼此排斥，然而两个能量足够高的核迎面相遇，它们就能相当紧密地聚集在一起，以致核力能够克服库仑斥力而发生核反应，这个反应叫作核聚变。

简单来说，核聚变原理就是爱因斯坦质能方程 $E=mc^2$。只要微量的质量就可以转化成很大的能量。

两个轻的原子核相碰，可以形成一个原子核并释放出能量，这就是聚变反应，在这种反应中所释放的能量称聚变能。聚变能是核能利用的又一重要途径。

和核裂变燃料不同，核聚变能利用的燃料是氘和氚。氘在海水中大量存在。每升海水中所含的氘完全聚变所释放的聚变能相当于 300 升汽油燃料的能量。按目前世界消耗的能量计算，海水中氘的聚变能可用几百亿年。

相比核裂变，核聚变几乎不会带来放射性污染等环境问题，而且其原料可直接取自海水中的氘，来源几乎取之不尽，是理想的能源方式。

D（氘）和 T（氚）聚变会产生大量的中子，而且携带有大量的能量，中子对于人体和生物都非常危险。

聚变反应中子的真正麻烦之处在于中子可以跟反应装置的墙壁发生核反应。用一段时间之后就必须更换，很费钱。而且换下来的墙壁可能有放射性（取决于墙壁材料的选择），成了核废料。还有一个不好的因素是氚具有放射性，而且氚也可能跟墙壁反应。

氘氚聚变只能算"第一代"聚变，优点是燃料无比便宜，缺点是产生大量中子。

"第二代"聚变是氘和氦-3反应。这个反应本身不产生中子，但其中既然有氘，氘氘反应也会产生中子，可是总量非常少。如果第一代电站必须远离闹市区，第二代估计可以直接放在市中心。

"第三代"聚变是让氦-3跟氦-3反应。这种聚变完全不会产生中子。这个反应堪称终极聚变。

自然界中的太阳就是一个巨大的核聚变体。太阳内部连续进行着氢聚变成氦过程，它的光和热就是由核聚变产生的。太阳的能量来自它中心的热核聚变（如超高温和高压），在这里原子核发生互相聚合作用，生成新的质量更重的原子核，并伴随着巨大的能量释放。

根据核聚变原理，人们制成了比原子弹威力更大的核武器——氢弹，氢弹的爆炸标志着目前人类已经可以实现不受控制的核聚变。但是要想能量可被人类有效利用，必须能够合理地控制核聚变的速度和规模，实现持续、平稳的能量输出。科学家正努力研究如何控制核聚变，但是现在看来还有很长的路要走。

四、核能时代

从科技史的角度看，世界核科学的基础理论的建立，是人类探索原子和原子核构成的奥秘和自然科学规律的产物。然而核能技术发展的初因动力却是与军事需要紧密相关的。

在第二次世界大战的阴影下，人类的"原子能时代"在发展核武器的竞赛跑道上开始登场。美国在 1945 年 8 月 6 日和 8 月 9 日，对日本广岛和长崎分别投掷了一颗原子弹，使日本成为全世界唯一受到原子弹轰炸的国家。日本吞下了其在亚太地区发动侵略战争的苦果，无条件投降，提前结束了第二次世界大战。

战争结束后不久，美国于 1952 年成功试爆世界上第一颗利用热核聚变原理释放大量核能的氢弹，其爆炸威力比原子弹大几十倍。战争结束后，世界很快进入长达近半个世纪的"冷战"时期，核威慑成为美苏两国争霸世界的重要砝码，世界核武库的核弹迅速增加，与此相关的核工业也在美苏为首的两个集团内迅速膨胀。

1954 年美国又率先研制成功世界上第一艘核动力潜艇，核能技术的竞争又被引入一个新的争夺世界海洋霸权的军事领域。

1954 年 6 月，苏联在莫斯科附近的奥布宁斯克建成了世界上第一座试验核电站，反应堆的设计直接从石墨慢化—水冷却的钚燃料生产堆改进而成，发电功率为 5 兆瓦，标志着人类事实上已敲开了以商业规模批量且高强度开发核能产业的大门。

早期人们对核能抱有很大的期望，核动力曾被建议用来开凿

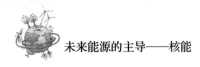

河道、炸填山谷、驱动轨道交通工具和航空飞行器的发动机。

全世界现有的 400 多座核电机组大多数都是在这个黄金阶段建成的或是其后按照在这个阶段开发的技术基础上稍加改进的设计建造的。

第二章　了解核电站，从这里开始

核能难以想象的能量让人们看到了核能发电的光明前途。1954 年 6 月 27 日，世界上的第一座核电站由苏联研发建设而成，并顺利地实现了并网发电，这座首个核电站称为奥布宁斯克核电站。

奥布宁斯克核电站电功率为 5000 千瓦，它的出现在世界核能领域引起极大的关注。自此，核电站便在世界各地开始了蓬勃的发展。经过科学家们的努力，核电站的研制与发展已经走过了试验、示范和商业推广的艰辛路程。

20 世纪 60 年代至 70 年代初是核电站发展的黄金时代。在 20 世纪 50 年代只有苏、美、英三国建成核电站，到 20 世纪 60 年代则增加到 8 个国家。如今，全世界 30 多个国家和地区建有核电站。

第一节　核电站，没有想象中那么神秘

核技术发展到今天，无论是保密的核武器，还是民用的核动力、核电站的使用，都相对比较安全，表现良好。很多人对核电站知之甚少，都认为核电站中一定拥有很多的秘密。

其实，核电站并非神秘莫测，它释放核能，产生电能，主要是利用核裂变反应进行能量释放，然后将释放出来的核能转化成电能。和常规电站发电的原理是相同的，不同的是，核电站使用的是核燃料。

一、核电站的工作原理

核电站，顾名思义，就是利用核能进行发电的电站。核电站以核反应堆来代替火电站的锅炉，以核燃料在核反应堆中发生核裂变产生能量，然后将核能转变成热能来加热水，产生蒸汽。然后将这些蒸汽输送进管路，最后进入汽轮机，推动汽轮发电机旋转发电，最终使机械能转化为电能。一般说来，核电站的汽轮发电机及其他相关的电器设备与普通火电站大同小异，核电站的奥妙主要在于核反应堆。

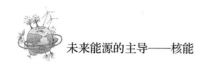

核电站的动力部分是核反应堆，又称为原子反应堆或反应堆，是装配了核燃料，以实现大规模可控制核裂变链式反应的装置。这是核电站与常规电站最明显的不同之处。

核反应堆的原理是这样的：我们知道，原子由原子核与核外电子组成。原子核由质子与中子组成。当铀-235 的原子核受到外来中子轰击时，一个原子核会吸收一个中子分裂成两个质量较小的原子核，同时放出 2~3 个中子。这裂变产生的中子又去轰击另外的铀-235 原子核，引起新的裂变。如此持续进行的过程就是裂变的链式反应。链式反应产生大量热能。

在核电站中，需要用循环水（或其他物质）带走热量，这样才能避免反应堆因过热烧毁。导出的热量可以使水变成水蒸气，推动汽轮机发电。

由此可知，核反应堆最基本的组成是裂变原子核和热载体。但是只有这两项是不能工作的。因为，高速中子会大量飞散，这就需要使中子减速，这时就需要慢化剂，使得高速中子慢下来。

核反应堆要依人的意愿决定工作状态，就要有控制设施。铀及裂变产物都有强放射性，会对人造成伤害，因此必须有可靠的防护措施。综上所述，我们可以得出，核反应堆的合理结构应该是：核燃料+慢化剂+热载体+控制设施+防护装置。

核电站除了关键设备——核反应堆外，还有许多与之配合的重要设备。以压水堆核电站为例，它们是主泵、稳压器、蒸汽发生器、安全壳、汽轮发电机和危急冷却系统等。它们在核电站中有各自的特殊功能，缺一不可。

关于主泵，如果把反应堆中的冷却剂比作人体血液的话，那主泵则是心脏。它的功用是把冷却剂送进堆内，然后流过蒸汽发生器，以保证裂变反应产生的热量及时传递出来。

核电站中的稳压器又称压力平衡器，是用来控制反应堆系统压力变化的设备。在正常运行时，起保持压力的作用。在发生事故时，提供超压保护。稳压器里设有加热器和喷淋系统，当反应堆里压力过高时，喷洒冷水降压。当堆内压力太低时，加热器自动通电加热使水蒸发以增加压力。

蒸汽发生器的作用是把通过反应堆的冷却剂的热量传给二次回路水，并使之变成蒸汽，再通入汽轮发电机的汽缸做功。

由于核燃料的特殊性，需要必要的安全保护措施。安全壳是用来控制和限制放射性物质从反应堆扩散出去，以保护公众免遭放射性物质的伤害。当发生罕见的反应堆一回路水外溢的失水事故时，安全壳是防止裂变产物释放到周围的最后一道屏障。安全壳一般是内衬钢板的预应力混凝土厚壁的容器。

再就是汽轮机的问题。核电站用的汽轮发电机在构造上与常规火电站用的大同小异，所不同的是由于蒸汽压力和温度都较低，所以同等功率机组的汽轮机体积比常规火电站的大。

水在整个核电站中起着至关重要的作用。为了应付核电站一回路主管道破裂的极端失水事故的发生，核电站都设有危急冷却系统。危急冷却系统是由安全注射系统和安全壳喷淋系统组成。一旦接到极端失水事故的信号后，安全注射系统向反应堆内注射高压含硼水，喷淋系统向安全壳喷水和化学药剂，便可缓解事故后果，限制事故蔓延。

安全注射系统设有两套安全注射管系。一套为安全注射箱管系，在安全注射箱内储有一定容积的高硼冷却水，并用氮气充压，使注射箱内维持恒定的压力。一旦一回路系统发生大破裂事故，其压力低于安全注射箱的压力时，安全注射箱内的硼水就通过止水阀自动注入一回路系统；另一套安全注射系统为安全注射泵管系，当一回路系统因发生破损事故而压力下降至一定值时，安全注射泵就会自动启动，将换料水箱内的硼水注射至一回路系统，换料水箱内的硼水被汲完后，安全注射泵可改汲从一回路系统泄漏至安全壳底部的地坑水，使硼水仍能连续不断地注入一回路系统冷却堆芯。

如果情况进一步恶化，在电站失去外电源情况下，安全注射泵的电源可由应急柴油发电机组自动供电。在核电站发生失水事故或二回路主蒸汽管道破裂时，安全壳内充满了放射性的高压蒸汽，安全壳喷淋系统就会被用来降低安全壳内压力和温度，使放射性蒸汽凝结成液体。

另外，在安全壳的上部设有相当数量的喷淋头，当安全壳内由于发生主管道破损事故而蒸汽压力升高时，安全壳喷淋系统的泵就自动启动，将换料水箱内的硼水以及氢氧化钠贮箱内除碘用的氢氧化钠溶液一起吸入，然后以一定的比例进行混合，再由喷淋头喷入安全壳内。当换料水箱的水被汲完后，喷淋泵可改汲安全壳内的地坑水。此时，地坑水需要先由设备冷却水冷却后再重新喷淋至安全壳内。

在核电站断电情况下，安全喷淋泵的电源也应该由应急柴油发电机组自动供电。

二、对核燃料的"特殊包装"

在核反应堆中燃烧的并不是纯正的铀单质，而且，核燃料在燃烧前都需要进行一定的处理。无论反应堆是什么类型，大小怎样，无论什么结构、什么用途，它的核燃料都需要特殊的包装。

这种包装首先是为了长期适应反应堆堆芯中的高温、高压、中子辐照、震动等恶劣环境，其次是为了更充分地实现铀-235裂变。

因为无论什么样的中子都能引起铀-235裂变，但速度慢的中子更容易使其裂变。为了让中子速度慢下来，同时避免中子被铀-238吸收，人们研究出了一个行之有效的办法，就是把核燃料做成一根根细长的棒，棒与棒之间保持一定距离，再将其插入能使中子减速的慢化剂中。这就是通常所说的核燃料组件。

因此，燃料组件性能的好坏直接影响反应堆的经济性、安全性。

或者准确一点说，核燃料组件是把核燃料，如铀-235、钚-239等，制成小圆柱状燃料芯块，然后装入锆合金管内并封焊，成为一个细长的燃料棒。元件棒按一定的几何形状排列并用定位格架固定，就构成了燃料组件。

一般元件棒的排列有14×14、15×15、16×16、17×17等多种形式。大型压水核电站采用17×17型排列组件。以90万千瓦压水堆为例，它的堆芯一般装载157个燃料组件，约合80吨二氧化铀。

压水堆初次装料投入运行后，经过1~2年要更换一次燃料。首次换料后，一般每年换料一次，每次换掉1/3。换料大约需要1个月，在这个时间同时进行核电站的设备维修。

核电站作为电力设备和普通电站并无差别，要实现电力输出，就必须能实现对功率输出的控制及能完成启动、停堆及应急事故的动作。

这一系列的动作是由控制组件来完成的。实现对反应堆的控制，实际上是实现对反应堆裂变的控制，裂变的控制又是对中子的控制。因为在反应堆中，中子的多少，是决定裂变反应的快慢

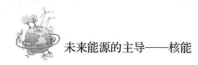

及停启的决定因素。

控制中子的方法是在控制棒内装有吸收中子的材料，如硼、镉、银、铟等，在反应堆中通过控制组件插入反应堆的深浅来实现控制。插入深，中子吸收得多，反应速度就慢。反之，插入浅，中子吸收得少，反应速度就快。

三、对反应堆的"悉心照料"

在反应堆中参与反应的主要是热中子，能量在 0.025~0.1 电子伏特之间。中子运动的速度越慢，引起核裂变的可能性就越大，热中子引起的核裂变比快中子大几百倍。

原子核裂变时能量很高，平均每个中子有 2 兆电子伏特，这个能量的中子就是我们所说的快中子。快中子不易引起裂变的原因是，快中子与原子核碰撞虽然能引起裂变，但非常容易被弹回。

为了提高反应效率，减少裂变物质的装载量，需要设法把快中子的速度降下来，担负这一任务的就是慢化剂。

从理论上考虑，轻的原子核适合作慢化剂的材料，但考虑制作成本等因素，实际上广泛使用的是轻水、重水、石墨和铍四种材料。因此，在实践中，选择慢化剂材料要遵循两个原则：首先是能有效地吸收中子的能量，其次是中子又不能被该材料吸收。

反应堆运转时产生大量的热，这就需要给反应堆降降温，这一任务由冷却剂完成。在核电站中，维持反应堆正常运转所需要的温度和一般的火力电站并无差别。

但实际上，在核电站中却并不那么简单，冷却剂除了担当上

能源时代新动力丛书

面的角色，往往还担负慢化剂的作用。这就要求冷却剂有良好的核特性和良好的物理及化学特性。良好的核特性是指充当冷却剂的材料对中子吸收截面小，辐照稳定性好，感生放射性小。良好的物理和化学特性是指熔点低、沸点高、排热性能好等。

常用的冷却剂有轻水、重水、二氧化碳、氦等气体及钠等金属液体。轻水是最常用的性能优越的冷却剂和慢化剂。但轻水的截面较大，吸收中子较多，因此，轻水堆要用低能缩铀。重水吸收截面小，可直接利用天然铀。但重水昂贵，这是它的缺点。

轻水和重水共同的缺点是沸点低，为保证反应堆有较高的温度，使二回路产生较高能量推动汽轮机，一回路要在较高的压力下运行，这给反应堆的设计和制造带来了一定的难度。气体冷却剂通常用于高温气冷堆，液态金属冷却剂主要用于快中子堆。

反应堆虽然是自持反应，也就是说只要反应堆里面有足够的核材料，它的反应就会不断地进行下去，但是初次装料或停堆换料启动时，仍需借助外力启动反应堆的运行，即点火。这里的点火不是火电站意义上的点火，而是提供足够的中子以实现初始的核链式反应，中子源装置就起到给反应堆"点火"的作用。

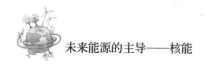

第二节 核电站版图

截至 2013 年，在世界核电站版图分布中，已经有 30 多个国家和地区建设了核电站，这些核电站主要分布在北美、欧洲及东亚的一些工业化国家。在核电站版图中，核电站建设量以美国居首，从已运行的核电站数量来说，美国为 104 座、法国为 58 座、日本为 54 座、俄罗斯为 32 座、韩国为 21 座。

一、核电旅程

核电作为一种新的能源，只有短暂的 60 多年的历史。由于种种原因，核电的兴起与发展并不是一帆风顺的，它有发展的高潮，也遇到过挫折。但可以预计，在 21 世纪这种新的能源将被越来越多的人所认识，将会在社会生产发展和人类生活改善中发挥越来越大的作用。

人类首次利用核能发电是在技术难度较大的快堆上实现的。1951 年 12 月 20 日美国利用它的第一座"增殖一号"快堆生产的高温蒸汽带动发电机发出了 200 千瓦的电，这是人类第一次利用核能发电。

当然，这只是试验性发电。我们知道，世界上第一座核电站是由苏联于 1954 年 6 月 27 日建成和并网发电的奥布宁斯克核电站。其电功率为 5000 千瓦。自此以后，核电站便在世界遍地开花。经过人们多年努力，核电站的研制与发展走过了试验、示范和商业推广的过程。

从 20 世纪 60 年代初到 70 年代初这十年间，是全世界核电蓬勃发展的黄金时代。50 年代只有苏、美、英三国建成核电站，到 60 年代则增加到 8 个国家。60 年代初，世界核电装机容量仅为 85 万千瓦，到了 70 年代初便上升到 1892.7 万千瓦。

截至 2013 年，从核电的总量来说，美国是第一核电大国，运行的核电站堆数为 104 个，装机容量占全世界的 1/3，其次是法国、日本、德国和俄罗斯。世界 13 个国家与地区正在建造着 37 台核电机组，计划建造的还有 50 余座，总计 520 座左右的核电站全部建成后装机容量可达 4.9 亿千瓦左右，发电量接近当时世界发电总量的 20%。

几次核电站事故给人们心理留下了阴影。

经过近些年来的认真、冷静的思考和分析，科学家们依然认为，核电无论在经济上还是对环境的影响上仍有明显优势，在今后数十年内，核电将会继续得到发展。

2013 年，据国际原子能机构统计和预测，21 世纪前期，将有 58 个国家和地区建造核电站，电厂总数将达到 1000 座，装机容量可达 8 亿千瓦左右，核发电量将占总发电量的 35% 以上。一些具有核技术的发展中国家，如中国、古巴、伊朗、巴基斯坦、罗马尼亚、墨西哥等都在开始建造或陆续建造新的核电站。

总而言之，尽管核电现在还不为公众普遍接受，但由于经济、环境、技术等综合因素的制约，在 21 世纪，核电将会重新

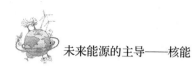

被公众考虑，世界核电发展的前景仍然是乐观的，核电发展的第二个黄金时代将会来临。

二、国外的核电分布

国际能源机构的市场调查分析报告资料说，预计在 2030 年前，全世界将迎接新一轮的核电站建设高峰，将新建设 100~300个核电反应堆。

尽管目前美国的总发电量是中国、日本、俄罗斯的 3~5 倍，是德国、加拿大、法国的 6~8 倍，电力危机仍然困扰着美国。加利福尼亚州接二连三的停电给硅谷的高科技公司造成了巨大损失。

美国核电管理委员会已决定将现有核电站的 104 座核反应堆的使用执照延长 20 年，几座一度停建的反应堆可能获准续建完成。因为电力短缺问题可能会蔓延到整个美国西部及东海岸的纽约和其他城市。

不止在美国，能源需求在未来数十年将继续大增，如果想减少空气污染和降低二氧化碳的释放量，核能应该发挥重大作用。

韩国，核能发电成本大约是每千瓦 3 韩元，相比燃煤电厂每千瓦 22 韩元的发电成本和天然气每千瓦 89 韩元的发电成本来说，核能发电成本大约是煤发电的 1/7、天然气发电的 1/30。目前，韩国拥有 21 个商业核电反应堆、40 个燃煤发电厂和 45 个天然气发电厂。

由于韩国的石油几乎全部依赖进口，所以韩国试图实施能源来源多样化计划来减少单纯对石油的依赖，并减少温室气体的排放量。

他们估计，如果韩国欲成为亚洲第四大经济体，到 2022 年其发电能力要从目前的 65.9 兆瓦上升到 100.9 兆瓦。

所以他们计划在 2022 年前再建设大约 12 座核发电厂、7 座燃煤发电厂和 11 座液化天然气电厂，使韩国的核电装机容量在电力总装机容量中的比重从 2008 年的 43% 提高到 2022 年的48%，以满足日益增长的能源需求。

2013 年，韩国目前正在建造核电机组 6 台，其中包括接近第三代水平的韩国百万千瓦级标准核电机组 OPR-1000 四台和第三代 APR-1400 两台。

俄罗斯计划到 2020 年核电产量达到 3400 亿度，到 2030 年将核能发电的份额提高到 25% 以上。俄罗斯目前正在加紧开发第三代压水堆 VVER-1000 和 VVER-1500，作为下一步准备建造和出口的堆型。

2001 年，据法国工业部提供的资料，在工业发达国家中，美国人均二氧化碳排放量最高，超过了 5.5 吨每年，其次是卢森堡、澳大利亚和加拿大。法国的二氧化碳排放量相对较低，每年人均排放量不足 2 吨。专家认为这与法国主要靠核能发电有直接关系。

2002 年，法国有 59 家核电站生产该国近 80% 的电力。法国格拉沃利讷（Gravelines）核电站是世界上目前运行中的最大核电站，位于法国北部大西洋沿岸，有 6 个核反应堆，单堆机组功率 90 万千瓦，共 540 万千瓦，占地 150 公顷（1 公顷＝10 000平方米），其中 2/3 是建在填海地。

英国自 1956 年投运工业用核电站卡尔德霍尔（Calder Hall）核电站（镁诺克斯堆，19.6 万千瓦）以来，核电发展十分迅速。

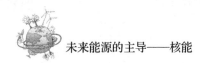

受苏联切尔诺贝利核事故的影响，英国开始实行不建造新核电站政策。但是根据《京都议定书》有关减少温室气体排放的要求，英国政府认为重新考虑发展核电或许是一种更现实的选择，对保证能源供应也是有益的。

德国国内反对核电的呼声比较高涨，特别是切尔诺贝利核反应堆事故更加剧了德国的反核运动，德国政府计划在 20 年后彻底告别核能时代。

但是进入 21 世纪以来，德国从国家新能源政策调整角度来重新审视核电站问题，让全国重新认识核电，放宽原来的过分限制，重新启动了核电站建设。

这些数据表明，核电与水电、煤电一起构成了世界能源供应的三大支柱，在世界能源结构中有着重要的地位。

三、中国的核电版图

目前，在中国核电站的版图上，已建成、在建和拟建的核电站主要分布在吉林、辽宁、山东、河南、安徽、四川、重庆、湖北、浙江、湖南、江西、福建、广西、广东、海南。

到 2020 年，中国所建设的核电站，预计总投产核电容量将会达到 4000 万千瓦，年发电量高达 2600 亿千瓦时，将占全国发电总量的 6%以上。

1955 年我国开始发展核工业，20 世纪 50 年代后期至 70 年代期间建立了相应的科研、设计、建造、教育和核燃料循环工业体系。截至 2011 年 3 月，中国已经有 6 个投入运营的核电站，12 个在建的核电站，25 个筹建中的核电站。

目前我国已拥有一个从地质勘查，到铀矿采冶、铀纯化、铀浓缩、核燃料元件生产，一直到乏燃料后处理等完整的核燃料循环系统，并在关键环节上实现了生产能力的跨越和技术水平的提升，在一些重要环节上已接近或达到国际先进水平。世界上能够拥有如此完整的核工业体系的国家除了中国之外，就只有美、俄、英、法等少数几个国家。

为满足现代化经济建设需要，到 2020 年我国电力总规模预计将达到 7 亿千瓦左右，每年按 2000 万千瓦的速度递增。近年来由于能源紧张、电力短缺，对进口能源资源（主要是石油）的依赖加重。

如果说 2000 年之前的核电站的建造是基础阶段，那么，2000 年至 2015 年就是我国核电建设的腾飞阶段，这个时期，我国核电站装机容量增加速度很快，核电设备已经进入小批量生产，并且具备了生产 30 万千瓦、60 万千瓦和 100 万千瓦级压水堆核电站燃料组件的能力，未来的几十年为持续发展阶段。

经过严格的规划和建设，实际上，2020 年核电装机容量就可能达到 6000 万千瓦，2030 年核电比重预计将达到 16%，达到目前的世界平均水平。

目前中国内地正在运行的核电站有浙江秦山核电站一期（300 兆瓦压水堆）、秦山二期（2×600 兆瓦压水堆）、秦山三期（2×700 兆瓦的重水堆，中加合作）、广东大亚湾核电站（2×984 兆瓦压水堆）、广东岭澳核电站（2×990 兆瓦压水堆）、江苏连云港田湾核电站（2×1060 兆瓦压水堆，中俄合作）等，总装机容量为 910 万千瓦，在全国总发电量中所占的比重为 1.3%左右。

秦山核电站位于杭州湾畔，一期工程是第一座依靠自己的力量设计、建造和运营管理的 30 万千瓦压水堆核电站。工程设计

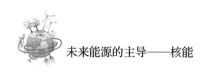
由上海核工程研究设计院、华东电力设计院、上海市政设计院等 6 家单位承担，工程建设由中国核工业总公司 22 建设公司和 23 建设公司、浙江电力安装公司、浙江钱塘江工程管理局等单位承建。

工程于 1983 年 6 月破土动工，1985 年 3 月浇灌反应堆主厂房（核岛底板）第一罐混凝土，1991 年 12 月 15 日并网发电，从此结束了中国内地无核电的历史，1994 年 4 月投入商业运行，1995 年 7 月通过国家验收。

秦山核电二期工程是我国自主设计、自主建造、自主管理、自主运营的首座 2×60 万千瓦商用压水堆核电站，1996 年 6 月 2 日主体工程正式开工（浇灌反应堆主厂房第一罐混凝土），经过近 6 年的建设，第一台机组于 2002 年 4 月 15 日投入商业运行。

秦山核电三期核电站采用加拿大成熟的坎杜 6 重水堆核电技术——两台 70 万千瓦级核电机组。1998 年 6 月 8 日浇灌反应堆主厂房第一罐混凝土，1 号机组于 2002 年 11 月 19 日首次并网发电，并于 2002 年 12 月 31 日投入商业运行。

大亚湾核电站位于广东省深圳市龙岗区大鹏半岛，是中国大陆建成的第二座核电站，也是大陆首座使用国外技术和资金建设的核电站。1994 年投入商业运行，总占地面积约 10 平方千米，内有大亚湾核电站和岭澳核电站一期、岭澳核电站二期。站在岭澳核电站一期的大亚湾核电站观景台俯瞰，核电站与蓝天碧海相互映衬，组成了一幅宏伟壮丽的画卷。

大亚湾核电站投产以来，各项经济运行指标达到国际先进水平。自 1999 年开始，与 64 台法国同类型机组在五个领域的安全业绩挑战赛中，至 2010 年共获得 25 项次第一名。2006 年 5 月 13 日，大亚湾核电站 1 号机组较原计划提前 12.94 天完成第一次十年大修，成为中国在运行核电站中首个走过设计寿期内除退役外所有关键路径的核电站。2010 年 10 月 22 日，大亚湾核电站 1 号机组实现整个燃料循环不停机连续安全运行 530 天的国内新纪录；至 2011 年 12 月 31 日，该机组实现无非计划停堆安全运行 3387 天，这是国内核电机组的最高纪录，该纪录还在延伸。

岭澳电站一期工程紧邻大亚湾核电站，位于大亚湾西海岸大鹏半岛东南侧，拥有两台百万千瓦级压水堆核电机组，于 1997 年 5 月 15 日开工建设，它是"九五"期间我国开工建设的基本建设项目中最大的能源项目之一，2003 年 1 月全面建成投入商业运行，2004 年 7 月 16 日通过国家竣工验收。二期工程建设正在展开。

位于江苏省连云港市的田湾核电站，一期建设两台单机容量 106 万千瓦的俄罗斯 AES-91 型压水堆核电机组，工程于 1999 年 10 月 20 日正式开工，单台机组的建设工期为 62 个月，分别于 2004 年和 2005 年建成投产。厂区按 4 台百万千瓦级核电机组规划，留有再建两至四台的余地。

我国核电当前在建项目有 24 个核电机组，基本分布在沿海地区，其中包括岭澳核电站二期（两台百万千瓦级）、浙江兰门方家山核电站（六台百万千瓦级）、广东阳江东平核电站（六台百万千瓦级）、福建宁德核电站（两台百万千瓦级）、福建福清核电站（两台百万千瓦级）和辽宁红沿河核电站（四台百万千瓦级）等，功率达到 2500 多万千瓦。

2004 年 7 月，位于浙江南部的三门核电站一期工程建设，获得了国务院批准，三门核电站占地面积 740 万平方米，可安装六台 100 万千瓦核电机组。核电站全面建成后，装机总容量将达到 1200 万千瓦以上（超过三峡电站总装机容量）。一期工程引进美国西屋公司开发的第三代先进压水堆核电（AP1000）技术，总投资 250 亿元，采用"非能动安全系统"和模块化施工方法。

AP1000 核电机组共有 119 个结构模块和 65 个设备模块。在紧急情况下，"非能动安全系统"利用物质的重力、惯性以及流体的对流、扩散、蒸发、冷凝等物理特性，能及时冷却反应堆厂房并带走反应堆产生的余热，而不需要泵、交流电源、柴油机等需要外界动力驱动的系统。这是全世界首座 AP1000 核电机组，已经于 2013 年建成发电。

2008 年 2 月，福建省第一个核电站宁德核电站动工兴建，这是我国第一个海岛核电站，投资 512 亿元。同年 11 月 21 日，位于海峡西岸的福建省第二座核电站福清核电站开始建设，一期工程两台百万千瓦级机组，分别于 2013 年、2014 年建成发电。福清核电站规划六台百万千瓦级发电机组，总投资近千亿元，这是我国的第九座核电站。

福清核电一期工程将为福建省带来每年超过 140 亿千瓦时的电力供应的同时，减排二氧化碳 1600 吨、灰渣 10 万吨以及大量二氧化硫等。包括福清核电站在内的很多核电项目均采用我国自主设计的"二代加"百万千瓦级压水堆核电技术，国产化率从 20 年前我国第一座百万千瓦级大型商用核电站——大亚湾核电站的 1% 飞跃到 75%。福建已成为中国在建核电项目最多的省份，是中国核电迈入发展快车道的一个缩影。

2008 年年底，装机 600 万千瓦、总投资近 700 亿元、采用中国改进型压水堆（CPR1000）核电技术的广东阳江核电站工程正式开工建设。岭澳核电站二期进入主设备安装阶段，1 号机组蒸汽发生器与压力壳相继就位。辽宁红沿河核电站 1、2 号机组核岛工程建设进展顺利。

福建宁德核电站 2 号机组提前 33 天实现主体工程开工，广西防城港红沙核电站"四通一平"工程正式开工。广东省第四座核电站位于广东省台山市赤溪镇，首期两台 EPR 三代核电机组，单机容量为 175 万千瓦，成为目前世界上单机容量最大的核电机组，还有浙江三门、山东海阳、广东腰古和山东荣成等数处核电站也在 2009 年开工建设。

广西平南、湖北咸宁、安徽芜湖等一批核电新项目的前期准备工作顺利展开。其中位于广西平南县处浔江北岸、距贵港市约100 千米、距离南宁市约 230 千米的白沙核电项目建设总规模达 4×1000 兆瓦，其中一期建设 2×1000 兆瓦。

湖北咸宁大畈核电项目是我国内陆地区首座核电项目，投资250 亿元人民币，规划装机 4×1000 兆瓦，分两期建设，每期装机 2×1000 兆瓦，建设周期五年，并预留第三期两台机组用地。

如果三期采用 AP1000 机组，投资将达 450 亿元。此外，江西省计划于九江市东部、长江南岸的彭泽县境内投资人民币 400 亿元建造一座发电能力约为 400 万千瓦的核电站。

四川有丰富的铀矿资源，宜宾核燃料厂是我国唯一的核电站燃料组件生产基地，拥有中国核动力研究院、西南电力设计院等科研单位，重庆市规划在涪陵区白涛镇重庆建峰化工总厂（原816 厂）建一座总装机容量为 180 万千瓦的核电站，初步规划总投资 200 亿元，年发电量达 85 亿千瓦时。

湖南省拟建的核电项目规划装机 600 万千瓦，一期装机 200万千瓦，目前正在进行选址工作，岳阳的华容县和常德的桃源县有望成为规划中的核电站厂址。

昌江核电项目规划建设四台 65 万千瓦压水堆核电机组，拟采用由中核集团公司自主开发的具有我国自主知识产权的

CNP600 标准两环路压水堆核电机组，以中核集团公司旗下的秦山核电站二期扩建工程为参考电站。工程分两期进行建设，首台机组计划于 2014 年底投入商业运行。

快中子增殖堆可将天然铀资源的利用率从压水堆的约 1% 提高到 60%~70%，这对于充分利用铀资源、持续稳定发展核电、解决今后的能源供应问题具有战略意义。中国原子能科学院正在建造的一座实验性快中子反应堆（热功率 65 兆瓦、电功率 20 兆瓦）于 2010 年实现并网发电，2015 年建成示范快堆并实现商用。

我国争取在 2020 年左右，使快中子增殖堆能步入商用阶段，从 2050 年开始，聚变—裂变混合堆或聚变堆预期能投入使用，所以目前正在加紧快堆和核聚变堆方面的研究工作。

第三节　核电站，小心翼翼的那些事

在纪录片《前线》里，人们写下了从核能联想到的东西：灾难、烦恼、厌恶、危险，以及辐射等。相对于核电站来讲，人们也会存在这些顾虑。核电站的安全必须是第一位的。虽然核电站"比任何工业都安全"，但是，一旦出现大问题，往往是毁灭性的灾难。因为核电站内部的工作物质，对人和环境都非常有害，若是泄漏出来，会长时间存在于环境中，影响人和其他生物的正常生存。核电站的安全在任何时候都是不能忽视的一个问题。

经过科学家们的探索研究，人们发现了多种防范核电站出现事故的设备和管理方法。

一、核电站的选址安全

为了保障核电站的绝对安全，对核电站选址需非常慎重。目前，国际上通行的关于核电站选址有经济、技术、安全、环境和社会五原则。下面主要从经济、安全和环境三个方面介绍如何为核电站选址。

首先说一说经济原则。核电站能够有足够的资金来建设和运

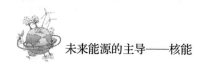

行，所服务的地区要有足够的用电需求，所以核电站常常选址于经济较发达的地区，这样可以减少电力输送过程中带来的损失。

但是，核电站不能建设在人口稠密的城市中心，核电站必须建在经济发达地区的相对偏远地区，50千米以内不能有大中型城市。要求厂址深部必须没有断裂带通过，而且要求核电站数千米范围内没有活动断裂，厂址区选择为100千米海域、50千米内陆，同时需要厂址区具备600年来没有发生过6级地震的构造背景。

从核安全的角度来看，核电站选址必须考虑到公众和环境免受放射性事故所引起的过量辐射影响，同时，还要考虑到突发的自然事件或人为事件对核电站的影响，所以，核电站的选址必须在人口密度低而且容易隔离的地区。

另外，核电站在运行过程中要产生巨大热量，所以核电站的选址必须靠近水源，最好是靠海，这也是大型核电站都建在海边的一个重要原因，并且靠海还可以解决大件设备运输问题。万一发生核事故，在放射物均匀发散的情况下，对陆地的污染的面积只是完全在内陆的一半。

但是将核电站建在海边有利的同时，也会多出一个风险，那就是海啸或者台风可能带来大浪的冲击。所以，建设在海边的核电站通常会建设防波堤来抵御巨浪的冲击。

在自然的力量面前，防波堤只能抵御一定程度的冲击，如果是比较大的海啸的话，防波堤无能为力，这样就很可能产生十分严重的后果。比如2011年3月11日日本9级大地震及海啸导致核泄漏就是一例。这个问题在本书的最后一章有明确的描述。

从上面的种种要点来看，内陆地区核电选址更要慎重，因为内陆地区的水源全部为淡水，并且几乎所有的大江大河都直接向

能源时代新动力丛书

周边城市供应生活用水，在这种情况下建设核电站，一旦发生泄漏事故，后果不堪设想。

为了确保核安全和环境保护，需要从环境对核电站的影响以及核电站对环境的影响两个角度评价核电站厂址的适宜性。

《核电站环境辐射防护规定》要求，核电站周围应设置非居住区和规划限制区，非居住区的半径不小于 500 米。规划限制区的半径一般不小于 5000 米，规划限制区内必须限制人口的机械增长，对该区域内的新建和扩建项目加以引导或限制，以保证在事故情况下能够有效地采取适当的防护措施。

核电站应尽量建在人口密度相对较低、地区平均人口密度相对较小的地点，核电站距 10 万人口的城镇和距 100 万人口以上大城市应分别保持适当的距离。

除了在沿海适宜的地方选择厂址外，中国也在内陆地区开展厂址选择工作。滨海厂址的选择方面已经积累了很多经验，内陆厂址的选择方面还需要深入研究一些新的问题，例如水源、生态和自然资源的保护等。

二、防患于未然，安全监管

核安全监管是保证核电安全的一个非常重要的环节。有效的核安全监管依赖于清晰的核安全理念、明确的核安全监管原则、强有力的安全许可证制度、全程有效的现场监督检查、先进和完善的技术法规标准、有效的事件分析与经验反馈机制以及高素质的监管队伍。

《民用核设施安全监督管理条例》规定，安全许可证制度是

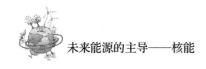

核安全监管制度的核心。在国家安全局颁发各类许可证的同时，还要实施安全监督。

核电站的许可证按厂址选择、建造、调试、运行和退役五个主要阶段申请和颁发。对于每个阶段都具体规定了申请许可证所必须满足的条件。

例如，对于厂址选择的监管，在国家有关部门批准核电站可行性报告和批准营运单位申请的厂址之前，必须从环境保护部门获得核电站厂址选择审查批准书和核电站环境影响评价报告（可行性研究阶段）批准书。

建设时还要有建造许可证，同时，建设时，还会进行严格的监督管理。在建设完成后的装料阶段，国家安全局还要下发装料许可证。待到发出来的电能并入电网，也都需要相应的许可证。另外，所有参与核电设备供应的供应商、设计院工程管理公司等也都必须具备相应的资质和许可，所有的焊工也必须持有资格证。

一般而言，整个核电站运行 40 到 60 年退役，还需要向相关国家部门提出退役申请。

建立起了这样的一系列监管体系和办法，就从制度和源头上减少了核电站发生大规模事故的可能，从而尽最大可能地保障了核电站的安全运营。

三、警惕事故

在使用核电站的同时，人们最为担心的问题还包括核泄漏、放射性物质溢出等。2011 年 3 月 11 日下午，日本东部海域发生里氏 9.0 级大地震，并引发了海啸。位于日本本州岛东部沿海的福岛第一核电站停堆，且若干机组发生了冷却失常的情况，多台机组相继发生爆炸，造成了大量放射性物质泄漏。

此外，福岛第一核电站所属的东京电力公司向海中排放了数万吨低放射性污水，造成了严重的海洋环境污染。

在福岛第一核电站发生爆炸后，各国政府都非常重视核电站的运行安全问题，2011年3月16日，时任国务院总理的温家宝主持召开国务院常务会议，强调要充分认识到核安全的重要性和紧迫性，核电发展一定要把安全放在第一位，必须从以下几个方面切实提高核电站的安全稳定性。

第一，立即组织对我国核设施进行全面安全检查。通过全面细致的安全评估，切实排查安全隐患，采取相关措施，确保绝对安全。

第二，切实加强正在运行核设施的安全管理。核设施所在单位要完善健全的制度，严格操作规程，加强运行管理。监管部分要加强监督检查，指导企业及时发现和消除隐患。

第三，全面审查在建核电站。用最先进的标准对所有在建核电站进行安全评估，要坚决整改所存在的隐患，不符合安全标准的核电站与核设备要立即停止建设。

第四，严格审批新上核电项目。抓紧编制核安全规划，调整完善核电发展中长期规划，核安全规划批准前，暂停审批核电项目包括开展前期工作的项目。

在发展核电过程中，必须以确保环境安全、公众健康和社会和谐为总体要求，把安全第一的方针落实到核电规划、建设、运行、退役全过程及所有相关产业。要以最新、最先进的成熟技术，持续开展在役在建核电机组安全改造，不断提升我国既有核电机组安全性能，全面加强核电安全管理。

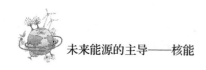

同时，加大核电安全技术装备研发力度，加快建设核电安全标准法规体系，提高核事故应急管理和响应能力。另外，还需要强化核电安全社会监督和舆论监督，积极开展国际合作。

四、"纵深防御"原则

纵深防御概念贯穿于与安全有关的全部活动，包括与组织、人员行为或设计有关的方面，以保证这些活动均置于多重措施的防御之下，这样做的好处是，即使有一种故障发生，它将由适当的措施探测、补偿或纠正。

核电站常常采用"纵深防御"原则来管理和控制核安全风险。在整个设计和运行中贯彻纵深防御，以便对由核电站内设备故障或人员活动及场外事件等引起的各种瞬间变化、预计运行事件及事故提供多层次的保护。

纵深防御概念应用于核电站的设计，提供一系列多层次的防御，用以防止事故的进展，并在未能防止事故时保证提供适当的保护。通常有以下几个层次的保障措施：

第一层次防御的目的是防止偏离正常运行及防止系统失效。因此要精心设计，精心施工，确保核电站的设备精良。建立周密的程序、严格的制度和必要的监督，加强对核电站工作人员的教育和培养，使得人人关心安全，人人注意安全，防止发生故障。

第二层次防御的目的是检测和纠正偏离正常的运行状态，以防止预计运行事件升级为事故工况。

第三层次防御的目的是，如果某些可能性极小、但在核动力厂设计基准中是可预计的事件或假设始发事件的升级，有可能未被前一层次防御制止，而演变成一种比较严重的事件的情况，这时就必须通过固有安全特性、故障安全设计、附加的设备和规程来控制这些事件的后果，力争达到稳定的、可接受的状态。比如，可以启用核电站安全系统，加强事故中对核电站进行管理，防止事故进一步扩大，保护安全壳和厂房。

这就要求设置的专设安全设施能够将核电站引导到可控制状态，然后再引导到安全停堆状态，并至少维持一道包容放射性物质的屏障。

第四层次防御的目的是，针对严重事故，将放射性释放控制在尽可能低的程度。这一层次最重要保护可用最佳估算方法来验证。

第五层的防御目的是，万一发生极不可能发生的事故，并且发生了放射性物质的外泄，就启用厂内外应急响应计划，努力减少事故对居民的影响。

有了以上相互依赖、相互支持的各个层次的重叠保护，核电站是非常安全的。

纵深防御概念应用的另一方面是，在设计中设置一系列的实体屏障，就某个核电站而言，所必需的实体屏障的数目取决于可能发生的内部及外部灾害和故障可能产生的后果。就典型的压水堆核电站而言，这些屏障可以是燃料基体，也可以是燃料包壳。

核电站的设计原则是必须提供多重的实体屏障，防止放射性物质不受控制地释放到环境中。设计思想必须是保守的，可以防患于未然的。建造必须是高质量的，从而最大限度地减少核动力厂的故障和偏离正常运行的次数，并为防止事故提供了更大的可能。因此，纵深防御概念必须在设计过程中就要注意到，以便做到防患于未然。

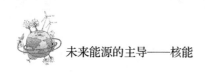

此外，核电站的设计必须利用固有特性和专设设施，以便在发生假设始发事件期间及之后，人们能够控制核电站的行为，意思就是说，必须通过设计尽可能地使不受控制的瞬变过程减至最少。同时，设计时必须针对核动力提供附加的控制设施，它们采用安全系统进行触发，以便在事故的早期减少操纵员的错误动作，减少错误的操作引起更大事故的可能。

核电站的设计必须尽可能提供控制事故过程的方法以及限制其后果的设备和规程，从而保证各道屏障的有效性和减轻任何假设始发事件的后果。

贯彻纵深防御概念的另一个必须考虑的事情是，必须尽可能地防止出现影响实体屏障完整性的情况，防止各道屏障在需要它发挥作用时失效，并防止一道屏障因受到另一道屏障的失效的影响而失效。

值得注意的是，除极不可能的假设始发事件外，必须使第一层次至多第三层次防御能够阻止所有假设始发事件升级为事故工况。

核电站的设计还必须考虑到，当缺少某一层次防御时，多层次防御并不是继续进行功率运行的充分条件。虽然对于除功率运行以外的各种运行模式来说，可视情况规定某些条件可以适当放松，但在功率运行状态下，所有各层次防御都必须总是可用的。

五、至关重要的屏障防御

为了防止核电站放射性泄漏，核电站设置了三道屏障。因为核电站独有的敏感的问题就是放射性物质的泄漏对人体的危害。

第一道屏障：燃料包壳。为了减少带放射性的核燃料泄漏和核燃料裂变时产生的放射线对人和周围环境的污染，通常是把核燃料装在锆合金管中进行密封。这是防止核泄漏的第一道措施。

第二道屏障：压力壳。一旦燃料密封装置破裂，放射性物质泄漏到水中，但仍在密封的一回路水中。因此，一回路系统需要足够密封。一般，一回路系统外用 200 毫米厚的不锈钢板制成，同时主泵和蒸汽发生器都有特殊的一回路水泄漏防范措施。

第三道屏障：安全壳。核电站建立安全壳是极其必要的。安全壳是一个顶部为半球形的钢筋混凝土建筑物，厚度将近 1 米。包括反应堆在内的一回路系统都被罩在安全壳内。安全壳内还设有安全注射系统、安全壳喷淋系统和冷却系统等一系列的其他系统。

这就需要安全壳不仅有良好的密封性，也要有很高的强度。要做到能使安全壳内任何设备发生的故障最大限度地包容在安全壳内。

同时，由于核电站一般建设在人烟相对稀少的地方，还要保证安全壳能承受飓风、地震等自然灾害的冲击。

此外，核电站不仅有完备的安全设备，也有一整套的安全管理制度和安全操作规程。从设备和管理制度上都要做到万无一失，这样才能增加核电站的安全系数。

尽管如此小心翼翼，核电事故也不时发生。自 20 世纪第一座反应堆运行以来，核电站事故中影响最大、损失最惨重的当属美国的三里岛核电站事故和苏联的切尔诺贝利核电站事故。相关的事故情况本书最后一章进行了详细的介绍。

总之，要确保核电站的安全，就必须要求核反应堆在整个运行期间，不但能够长期稳定运行，还要能够适应启动、功率调节和停堆等各种情况的变化。此外，必须确保一般事故情况下不破坏堆芯，甚至在出现最严重的事故情况下，也要保证堆芯中的放射性物质被包容在一个固定的空间里，避免放射性物质扩散到周围环境中。

除了确保核电站的安全要采取多重高度安全的措施之外，同时也要对核电站进行周密的管理。确保高度安全的周密管理措施主要包括发挥国家监管机构的作用，制定和完善核安全防护法规体系，实行核设施安全许可证制度、严密的质量保证体系，做到对参与单位和人员进行严格要求、建立严密的安全保卫系统、保护公众和环境的应急措施。

第四节 你必须了解的辐射防护

辐射是以电磁波或粒子的形式向外扩散。在核电站运行状态中，核反应会释放出对人类、动物和环境有害的辐射。因为辐射会造成一系列的严重后果，所以，在保证工作安全的条件下，工作人员和核电站本身必须做好核辐射的防御工作。

一、什么是辐射

常规核辐射会给人体带来一定的伤害，甚至引起癌症、白血病和死亡等。但是我们没有必要谈辐射色变。其实，辐射是自然界中最普遍的现象。

核辐射是原子核从一种结构或一种能量状态转变为另一种结构或另一种能量状态过程中所释放出来的微观粒子流。核辐射，或者将其称为放射性，存在于所有的物质之中，这是亿万年来存在的客观事实，是正常现象。核辐射可以使物质引起电离或激发，故称为电离辐射。电离辐射又分直接致电离辐射和间接致电离辐射。直接致电离辐射包括质子等带电粒子，间接致电离辐射包括光子、中子等不带电粒子。

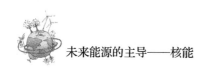

一般来讲，放射性元素发射出放射线后变成新的同位素，新同位素可能是放射性同位素，也可能是稳定同位素，而这一过程则称为放射性衰变。

核辐射的形式有各种各样的射线，常见的有 α、β、γ 三种射线。α 射线是氦核，β 射线是电子，这两种射线由于穿透力小，影响距离比较近，只要辐射源不进入体内，影响就不会太大。γ 射线的穿透力很强，是一种波长很短的电磁波，受照剂量超过一定的程度会引起放射病乃至死亡。

辐射可以通过各种各样的途径进入我们的生活。有的来自天然的过程，例如地球上的铀的衰变。有的来自人工的操作，如医学中使用的 X 射线。因此，我们能够按照辐射的来源将它们分为天然辐射和人工辐射。

天然辐射一般是无害的。包括宇宙射线、来自地球本身的 γ 射线、空气中的氡的衰变产物，以及包含在食物及饮料中的各种天然存在的放射性核素。

人工辐射包括医用 X 射线、来自大气核武器试验的放射性落下灰、由核工业排出的放射性废物、工业用 γ 射线，以及其他各种物品等。

直到最近，天然辐射一直被认为并不是很多而且是不可改变的。

然而，现在我们知道，在某些地区，例如来自室内氡气（它本身是铀衰变的一种产物）的衰变产物的剂量非常高。另一方面，降低老房子里的氡衰变产物的浓度是相当容易的，在建新房时也可以采取措施不让这种气体的浓度过高。相反，对于其他天然辐射源的照射，我们确实很难改变它。

宇宙射线、γ 射线及体内的天然放射性这些基本的本底，能使全世界的公众平均每年受到约 1 毫希沃特的剂量。对于大多数人而言，来自氡的衰变产物的剂量，实际上仍是不可避免的，其大小也是大约 1 毫希沃特。

每一种辐射来源都有两个要点：第一，它会给人类带来多大剂量的辐射；第二，我们能够比较容易地采取什么措施减少射线的辐射剂量。

二、辐射的危害

长期受辐射照射，会使人体产生不适，严重的可造成人体器官和系统的损伤，导致各种疾病的发生，如：白血病、再生障碍性贫血、各种肿瘤、眼底病变、生殖系统疾病、早衰等。放射性照射还会产生一些随机效应，比如某个特定部位的癌症、遗传疾病等。它发生的概率与剂量大小有一定关系，但严重程度却与剂量值关系不大。

据国际放射防护委员会的估计，长时间低剂量率的照射，引发恶性肿瘤的概率是很低的，诱发严重遗传疾病的概率为 1%。我们对放射性的危害，既不要紧张，但也不能掉以轻心。

三、辐射防护

生物界乃至人类在千百万年的进化过程中，一直存在于天然照射条件下，生命已经适应了这种弱的放射性环境。与天然本底相当的照射对健康是没有任何影响的。

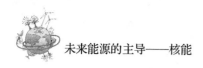

但是，较大剂量的照射必然会产生相应的生物学效应。大量数据的积累与研究表明，能从临床上观察到影响的照射有一定阈值，一般来说小于 100 毫希的照射不会引起急性不良后果。但是如果接收辐射的剂量比较大，或者时间比较长，就必须做好防护措施。

对于核电站来讲，由于核反应堆的内部存在着浓度高于自然状态很多倍的强烈放射性物质，所以，必须进行辐射防护。

原子核反应堆是核电站产生核能的装置，因此，它既是一个发热源，又是一个放射性水平较高的辐射源。反应堆发出的辐射分为初级辐射和次级辐射。可裂变核素（铀-235，钚-239）在裂变时及裂变后的产物放出的辐射为初级辐射。初级辐射与物质相互作用所引起的辐射称为次级辐射。

中子和 γ 射线，穿透本领最强，这里只讨论与核电站屏蔽防护有关的中子和 γ 射线源。

从前文得知，人类所受到的集体辐射剂量主要来自天然本底辐射和医疗，来自核电站的辐射剂量非常小，约 0.25%。

核电站里面的核裂变反应是与外界隔绝开的，并没有太多的辐射泄漏出来，而在核电站内部的工作人员，一般会配备辐射剂量表，核电站周围的辐射也会受到监控，以便保证工作人员和周围居民的安全。核电站对周围核辐射的"贡献"比天然辐射小得多，可以这样说，核电站几乎比所有的工业都要安全，核电站周围的辐射量甚至比一般的火电厂要小得多。因为火电厂排出的气体废物中也会含有放射性物质。

在核电站中，铀-235 原子核在裂变过程中释放出的能量，有一部分是以 γ 射线的形式出现的。同时裂变过程还释放出高能的中子。这就是核反应堆需要屏蔽的原因。

在反应堆运行过程中，堆内产生大量裂变产物，堆内放射性同位素的种类达到上千种之多。裂变释放出的中子可以引起一部分结构材料和腐蚀产物如锰、铁、钴、镍、铜、锌、银等及其氧化物的活化。

裂变产物和活化腐蚀产物是核电站堆芯内的主要放射性物质。此外，含在核燃料中的铀-238 不断吸收中子，会形成极少量的超铀元素如钚、镅和锔，它们是很强的 α 放射性源，而且寿命有几十万年。

一座大型商业压水堆核电站堆芯内的放射性物质总量十分惊人。但是由于核电站有多层的放射性保护屏障，绝大部分放射性物质即使在事故状态下也难以逃到环境中去。从后果的角度考虑，我们最为关注的是气态和挥发性比较强的放射性物质。

计算和实际运行经验都证明了，因核电站运行带给人们的附加剂量不足我们受到的天然与人为照射的 1%。

为了保护核电站工作人员和站外居民，国际放射防护委员会制定了一个辐射剂量标准，比如对于职业工作人员，年平均剂量不得大于 20 毫希，即安全下限的五分之一。对于核电站区周围的居民，年平均剂量不得大于 1 毫希，也即天然本底剂量的 40%，它对站外居民带来的附加风险概率，与雷击造成的风险基本相当。

在核电站的实际运行过程中，电厂员工和站外居民实际受到的剂量值，远低于设定的标准。从事放射性工作的人是接受人为照射最多的人群。

全世界约有 80 万人在核工业系统工作，另有约 200 万人在医疗放射性环境中工作，他们所受到的平均剂量不到 1 毫希沃特/年，只占天然照射剂量的 40% 左右，这一成绩得益于有效的

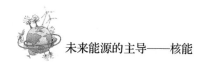

辐射防护技术应用。

我们可以按放射性射线的性质把它们分成几类，即 α 射线、β 射线、γ 射线，对于核电站来说，还有一个特别的照射种类：中子。这几种照射都是我们要着力加以防护的。

如果照射是从我们身体外部某一个放射源发出穿透我们的身体从而产生照射剂量，我们就把它叫作外照射。根据研究，外照射剂量值的大小与放射性源的强度成正比，与接受照射的时间成正比，而与人到源的距离的平方成反比。

所以，控制外照射剂量的有效手段有三种，很多情况下三种方法同时并用。

首先，加大人员与放射源的距离，比如采用自动化遥控操作，手工操作时必须采用长柄工具等。

其次，尽量缩短人员在放射性区域停留的时间，比如实行控制区管理，禁止随便进入有放射性的地点，做好充分的工作准备，使得在有放射性区域的工作能准确快速地完成，避免迟疑和返工。

最后，为了减少放射性源的照射强度，可以采用屏蔽技术。不同的放射性对物质的穿透力是不同的。相比之下，γ 射线的穿透力最大，而中子的放射生物学效应最高。

这两者都是核电员工职业防护的重点。常用的屏蔽材料有水泥、铁、铅，厚水层也有很好的防护效果。放射性很高的核燃料组件的操作在水下 8 米深处进行，水面上的操作人员就可以获得满意的保护。

如果放射性物质进入人体内部，由此对人产生的照射就叫作内照射。对于控制内照射来说，上面提到的距离、时间、屏蔽三个办法都用不上，所以就要尽量采取预防措施，不让放射性物质进入人体。

因此，禁止在核电站控制区内吃东西、喝水是必要的。因为放射性碘是最容易进入人体的，可以在必要时先补充一些稳定的碘盐，使体内的碘含量饱和，这可以减少对放射性碘的吸收。

为了防止放射性物质粘在皮肤上并进而由皮肤渗入体内，进入放射性工作区的人员要穿特制的连体服。如果空气中有可能含有放射性物质的话，工人还要穿上特制的气衣，像潜水员或宇航员一样呼吸干净的空气。

如果放射性物质已经进入体内，就要用特定的药物促使它尽快排出来。我国的传统饮料茶水就有助于放射性物质的排出，从辐射防护的角度说，它也是一种健康饮料。

为了保护工作人员，核电站向员工提供辐射防护用品和个人辐射剂量仪表，建立职业健康管理系统。每名从事有关工作的人，每年都要参加体检并保留个人健康档案。

第三章　魔力之源——核反应堆

　　核反应堆是核电站的动力来源，它的能量输出维系着整个核电站的运行。这个神奇的魔力之源就像核电站的心脏一样，通过持续进行核反应，为核电站输送"新鲜的血液"。

　　核反应堆有自我调节机制。这种自我调节机制在核反应堆运行过程中，或者在出现问题的时候，可以更便捷地自动处置，将问题纠正在初始阶段。

　　虽然，核反应堆犹如为人类带来源源不断能量的魔力之源，但控制不好的话，也会变为"灾难之源"。

第一节　核反应堆——核电站的心脏

我们知道，核反应堆通过持续不断的核裂变反应，源源不断地产生核能，核能再通过一系列的能量转化方式，转化成电能。简单来讲，核反应堆的作用就是通过能源的输出，维持核电站的持续发电。对于整座核电站来讲，核反应堆就相当于核电站的心脏。

一、核反应堆的组成结构

核电站由以下几个部分组成：

（1）堆芯，核燃料在堆芯低速燃烧并产生热量。

（2）冷却回路，堆芯产生的热量通过回路里的介质传导出去，使得堆芯保持稳定的反应温度，持续工作。

（3）发电机组，把冷却回路中的热量通过汽轮机转化成电能。

堆芯也就是核反应堆，是整个电站的心脏。

反应堆的类型很多，这个在后文会有详细的介绍。但它主要由活性区、反射层、外压力壳和屏蔽层组成。活性区又由核燃料、慢化剂、冷却剂和控制棒等组成。当前用于核电站的反应堆中，压水堆（为了使反应堆内温度很高的冷却水保持液态，反应堆在高压力——水压约为 15.5 兆帕下运行，所以叫压水堆）是最具竞争力的堆型（约占 61%），沸水堆占一定比例（约占 24%），重水堆用得较少（约占 5%）。

这是因为压水堆可以用价格低廉、到处可以得到的普通水作慢化剂和冷却剂。

由于反应堆内的水处于液态，驱动汽轮发电机组的蒸汽必须在反应堆以外产生。这是借助于蒸汽发生器实现的，来自反应堆的冷却水即一回路水流入蒸汽发生器传热管的一侧，将热量传给传热管另一侧的二回路水，使后者转变为蒸汽（二回路蒸汽压力为 6 MPa~7 MPa，蒸汽的温度为 275 ℃~290 ℃）。

二、核反应堆如何运行

核反应堆通常以铀或钚作核燃料，可控地进行链式裂变反应，并持续不断地将裂变能量带出做功的一种特殊的原子锅炉。简单来说，核反应堆就是能维持可控自持链式核裂变反应的装置。

从更广泛的意义上讲，反应堆这一术语应覆盖裂变堆、聚变堆、裂变聚变混合堆，但一般情况下，核反应堆仅指裂变堆。核裂变链式反应在核反应堆中进行。

核电站"原子锅炉"燃烧的基本单元是核燃料芯块，和锅炉烧的煤块一样。核燃料芯块的有效成分是铀-235，是自然界天然存在的易于裂变的材料，它在天然矿物中的含量仅有 0.711%，另外两种铀的同位素铀-238 和铀-234 的含量各占 99.238% 和

0.005 8%，但是它们均不易裂变。

另外，还有两种利用反应堆或加速器生产出来的裂变材料铀-233 和钚-239。用这些裂变材料制成金属、金属合金、氧化物、碳化物等形式作为反应堆的燃料。

前文已经介绍过，原子核由质子与中子组成。当铀-235 的原子核受到外来中子轰击时，一个原子核会吸收一个中子分裂成两个质量较小的原子核，同时放出 2~3 个中子。

裂变产生的中子又去轰击另外的铀-235 原子核，引起新的裂变。如此持续进行，就是裂变的链式反应。链式反应会产生大量热能。需要用循环水（或其他物质）带走热量才能避免核反应堆因过热而烧毁。导出的热量可以使水变成水蒸气，然后推动汽轮机发电。

由此可知，核反应堆最基本的物质组成是发生裂变的原子核和热载体。但是只有这两项是不能进行发电的。因为在反应中，高速中子会大量飞散，这时就需要使中子的速度慢下来，以便增加与原子核碰撞的机会。需要说明的是，铀矿石不能直接做核燃料。铀矿石要经过精选、碾碎、酸浸、浓缩等处理步骤，制成有一定铀含量和一定几何形状的铀棒，才能参与反应堆工作。

以一座典型的高温高压，以水作为冷却剂的压水堆为例：它应该是一个外形直径约 5 米、壁厚约 200 毫米、总高约 13 米的圆柱形高压反应容器，容器内设有实现原子核裂变反应的堆芯和相应的堆芯支承结构，顶部装有控制裂变反应的控制棒传动设施，以便随时调节和控制堆芯中控制棒的插入深度，进而控制核裂变反应的反应速度。

核燃料采用低富集度二氧化铀（铀-235 同位素的含量占 2%~4%），烧结成直径与普通铅笔差不多粗细的圆柱形燃料块，

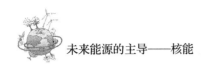

装入锆合金的包壳管中，两端用端塞焊接密封，构成长 3~4 米的细长燃料棒。中间用弹簧型定位架固定夹紧，组成棒束型的核燃料组件。

控制棒用铪或银铟镉合金等吸收中子能力较强的材料，再加上外包不锈钢包壳制成。若干根棒连接成一束插入堆芯，由堆顶上的传动机进行工作，以控制链式裂变反应速率，调节反应堆输出功率。或者在紧急情况下快速结束核反应，保障反应堆的安全。

因为从原子核裂变原理可以知道，只有中子可以引起铀核裂变。反应堆内中子数目越多，则核裂变越剧烈。核反应堆的启动、功率提升或降低以及反应堆的关闭，只要通过控制和调节反应堆堆芯的中子数目就可实现。

具体的操作过程如下：当反应堆启动或提升功率时，只要将控制棒逐步提升，此时，反应堆内中子数目增多，铀核裂变随之增加，核能释放增多，冷却水的温度升高，输出热功率上升。

达到一定功率后，只要将控制棒适度回抽，使堆芯的中子数目保持在一个恒定状态，反应堆就会在某一功率下稳定运行。如果要使反应堆降低功率运行或停堆，只要将控制棒往下插，中子被控制棒吸收就增加，堆芯内中子数目立刻减少，直至核反应停止。

反应堆周围设屏蔽层，减弱中子及 γ 射线剂量。该系统能监测并及早发现放射性泄漏情况。

一座核电站要正常生产，它的功率要可以随时调节，而且要按人们的需要来调整。对核电站的安全来说，更重要的是要保证反应堆的功率不会超出把热量带走的能力，否则，反应堆就可能因为过热而烧毁，核电站的安全问题主要就是这个问题。

我们经常用的控制材料有镉铟银合金和金属铪、含硼的不锈钢或者硼玻璃，这些材料可以做成棒状，必要时在核反应堆内上下移动。还有一种控制材料是硼酸，准备不同浓度的硼酸溶液，需要时把它加进核反应堆里，也可以起到控制中子密度的作用。

第二节　解析核反应堆家族

核反应堆是利用核裂变或者核聚变反应达到利用能量或者其他目的的装置。在核反应堆的大家族中，有很多不同的堆型，不同的核反应堆有不同的特点或者用途。比如，根据用途，我们可以将核反应堆分为研究堆、材料实验、生产堆、多目的堆、发电堆、推进堆等。根据反应堆中子的速度，核反应堆又可以分为热中子堆和快中子堆。

一、核反应堆种类

核反应堆根据燃料类型分为天然气铀堆、浓缩铀堆、钍堆。根据中子能量分为快中子堆和热中子堆。根据冷却剂（载热剂）材料分为水冷堆、气冷堆、有机液冷堆、液态金属冷堆。根据慢化剂（减速剂）分为石墨堆、重水堆、压水堆、沸水堆、有机堆、熔盐堆、铍堆。

另外，根据用途，核反应堆可以分为将中子束用于实验或利用中子束的核反应堆，包括研究堆、材料实验等。生产放射性同位素的核反应堆，生产核裂变物质的核反应堆，称为生产堆。为取暖、海水淡化、化工等提供热量的核反应堆，称为多目的堆。为发电而产生热量的核反应，称为发电堆。用于推进船舶、飞机、火箭等的核反应堆，称为推进堆。

根据中子通量分为高通量堆和一般能量堆，根据热工状态分为沸腾堆、非沸腾堆、压水堆，根据运行方式分为脉冲堆和稳态堆，等等。其中，2012 年法国建成 59 座发电用的原子能反应堆，原子能发电量占其整个发电量的 78%。日本建成 54 座，原子能发电量占其整个发电量的 25%。美国建成 104 座，原子能发电量占其整个发电量的 20%。俄罗斯建成 29 座，原子能发电量占其整个发电量的 15%。

苏联于 1954 年建成了世界上第一座原子能发电站，掀开了人类和平利用原子能的新的一页。英国和美国分别于 1956 年和 1959 年建成原子能发电站。到 2004 年 9 月 28 日，世界上 31 个国家和地区，有 439 座发电用原子能反应堆在运行，总容量为 3.646×10^{11} 瓦，约占世界发电总容量的 16%。

我国于 1991 年建成第一座原子能发电站，包括这一座在内，当前投入运行的有 9 座发电用原子能反应堆，总容量为 6.6×10^9 瓦。2014 年我国另有两座反应堆在建设中。我国还为巴基斯坦建成一座原子能发电站。

二、商用核反应堆

目前，核能主要用于发电领域，在实践中，应用比较普遍或具有良好发展前景的核反应堆堆型主要有：压水堆、沸水堆、重水堆、石墨慢化水冷堆、高温气冷堆和液态金属快中子增殖堆等

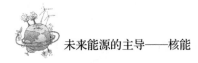

6 种堆型。

下面简要介绍这 6 种类型的核反应堆的基本特征，包括各种反应堆的燃料形态、燃料富集度、中子能谱、慢化剂、冷却剂、燃料组件设计、堆芯设计、热力循环回路以及各种堆型的主要技术特点等。

（一）压水堆

目前世界上正在运行的 400 多个核电机组中，超过一半是压水堆机组，这是因为压水堆核电站热力系统和压水堆核反应堆是技术上最成熟的一种核电动力堆型。

压水堆采用价格便宜的轻水作冷却剂同时兼作慢化剂，轻水具有优良的热传输性能。然而，轻水的沸点较低。根据热力学第二定律，要想使热力系统有较高的热能转换效率，核反应堆就应该具有较高的堆芯出口温度参数。而要获得较高的温度参数，就必须增加冷却剂系统的压力，并且使其处于液相状态。

所以，简单地说，压水堆就是一种使冷却剂处于高压状态的轻水堆。一般压水堆堆内压力约 15.5 兆帕，保证堆芯冷却剂入口和出口水温可以分别维持在 300℃ 和 330℃ 左右。

高温高压的液态水从压力容器上部流出反应堆堆芯后，通过一回路的热端管道进入蒸汽发生器。同时，冷却剂从蒸汽发生器的管内流过后，经过冷却剂回路冷端管道，由主冷却剂循环泵驱动返回到反应堆堆芯。

通常，堆芯冷却剂回路被称为一回路，它是包括压力容器、蒸汽发生器、主泵、稳压器及有关阀门等部件的整个系统。

一回路压力边界的完整性是防止放射性物质泄漏的一道实体安全屏障，它们都被安置在安全壳内，这部分被称为核岛。

蒸汽发生器内装了很多传热管，传热管外就是二回路的水，冷却剂回路的水在流过蒸汽发生器传热管内时，其携带的热量就会传输给二回路内流动的水，从而使二回路的水变成280℃左右的、压力在六七兆帕的高温高压蒸汽。所以，在蒸汽发生器里，冷却剂回路与二回路的水在互不接触的情况下，通过管壁发生热交换。

这其中，蒸汽发生器是分隔冷却剂回路和二回路的关键设备，堆芯冷却剂回路和二回路是通过蒸汽发生器传热管传递热量的。从蒸汽发生器产生的高温高压蒸汽，再流过汽轮机，就可以带动发电机组发电。

在这个过程中，余下的大部分不能利用的能量就交给冷凝器（凝汽器），通过三回路排放到环境中，比如江、河、湖、海或大气。

压水堆核电站有两个显著的优点：第一个优点是结构紧凑，堆芯的功率密度大，在相同功率的条件下，压水堆的体积比其他堆型的体积小；第二个优点是压水堆的技术成熟，安全措施也比较周到，而且轻水的价格便宜、建造经济风险不大，这些就使压水堆核电站与其他堆型的核电站相比较，在基建费用和建设周期控制方面，具有明显的市场竞争力。

但是，压水堆核电站也存在着某些方面的不足，比如，压水堆必须采用高压的压力容器。因为压水堆核电站为了提高热转换效率，提高了内部压力，这时就要采用可承受高压的压力容器，这将导致压力容器的制作难度和制作费用明显提高。同时，压水堆对于核燃料也有一定的要求，压水堆必须采用富集度达到3%左右的核燃料。因此，相对于其他堆型的核电站来讲，压水堆核电站要付出较高的燃料费用。

但是目前来讲，由于压水堆核电站技术更为成熟，从而占领

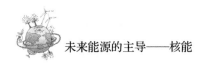
了核电发展的先机。在已建、在建和将建的核电站中，压水堆的比重占到了 64% 左右。

（二）沸水堆

和压水堆核电站一样，沸水堆也是轻水堆的一种，但这两种核反应堆的结构有较大的区别。

根据上文，我们可以知道，压水堆的动力蒸汽是在一回路和二回路蒸汽发生器中交换产生的。而沸水堆没有蒸汽发生器，推动汽轮机做功的蒸汽是在反应堆中直接产生的，通过控制回路推动汽轮机运转，然后带动发电机组发电。

与压水堆相比较，沸水堆有以下特点：

首先，由于直接产生动力蒸汽，沸水堆不需要蒸汽发生器，因此，简化了回路系统，堆芯设备因此相应减少，设备投资也相应减少。

其次，沸水堆和压水堆相比较，在同功率下，燃料装载量高出 50%，沸水堆的压力容器也比压水堆重得多，这又是导致沸水堆投资增加的因素。

最后，由于沸水堆的反应堆动力蒸汽直接进入汽轮机，不可避免会造成汽轮机的污染，这就会给汽轮机设计、运行和维修带来一定的难度。

总体来看，沸水堆和压水堆在安全性、技术性和经济性上相当，但沸水堆投入要略大于压水堆。

（三）重水堆

以重水堆为热源的核电站中，是以重水作慢化剂的反应堆，这种堆型可以直接利用天然铀作为核燃料。重水堆核电站分为压力容器式和压力管式两类。

重水堆核电站是发展较早的核电站，有很多种类别，但已实现工业规模推广的只有从加拿大发展起来的坎杜型压力管式重水堆核电站。

（四）石墨水冷堆

石墨水冷堆是以石墨为慢化剂、水为冷却剂的热中子反应堆。

核工业发展初期，石墨水冷堆主要用以生产核武器装料——钚、氚等。这种反应堆一般以天然铀金属元件做燃料。在堆内天然铀中的铀-235吸收中子发生核裂变反应，放出中子和能量，这些中子一部分用于维持链式核裂变反应，一部分则为天然铀中的铀-238所吸收，转化为钚-239及其他同位素。

生产堆发展初期曾使用河水直流堆芯，将带出热量的水直排河里。但是这种方式耗水量大，排水过程中放射性水平高、环保问题难以解决，业已停止使用，而普遍采用闭式冷却方式，即冷却水从堆芯流过，将热量导出堆外，通过热交换器将热传导给另一回路的水，再经主泵返回堆芯。

对导出一回路水的热量的处理有两种方式：一种方式是将一回路的热量通过热交换器导给二回路水，将其经过冷却水塔或用河水进行冷却，将多余的热量排到环境中去；另一种方式是通过热交换器将热传给余热利用系统，作为热源向外界供热或发电。石墨水冷堆重要特点之一是后备反应性很小。

早期石墨水堆的反应性随其温度升高而升高，反应堆的功率也随之升高（即所谓的正温度效应），温度升高又导致了反应性上升，直到反应堆置于中子吸收体比如控制棒的控制下。1986年，切尔诺贝利核事故后，正温度效应问题引起了各方面的重视，在反应堆物理设计方面必须获得负温度效应，以确保反应堆具有至关重要的自稳性。

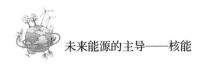

（五）高温气冷堆

高温气冷堆核电站具有良好的固有安全性，它能保证反应堆在任何事故下不发生堆芯熔化和放射性大量释放。高温气冷堆的蒸发器能达到560℃，因此，发电效率大大提升。总体来讲，高温气冷堆具有热效率高（40%~41%）、转换比高（0.7~0.8）等优点。同时，由于使用氦气作为热量传导的中介物质，氦气化学稳定性好，传热性能好，而且诱生放射性小，停堆后能将余热安全带出，安全性能也能得到一定保障。

（六）液态金属快中子增殖堆

液态金属快中子增殖堆也是快堆的一种。采用快中子堆有很多优势，短期来看，首先解决了核废料的处理问题。快中子增殖堆可以使原料利用率提高50~60倍。产生废料的量大为减少，长期来看，液态金属快中子增殖堆可以解决人类长期对裂变性核原料的需求的问题。

现阶段掌握快中子堆技术的国家有美国、法国、日本、俄罗斯等，我国亦广泛开展了对液态金属快中子增殖堆的研究，现已有数座试验性快堆在使用中。但是，快堆的技术难度远比技术成熟的压水堆高，即使是核原料的组合堆置也有一定技术要求，故推广起来有一定的难度。

三、特定用途核反应堆

根据核反应堆的用途，还可以有别的分法。下面详细介绍几种应用性质的核反应堆。

（一）供热堆

供热堆从字面上理解，就是专门用于供热的一种反应堆，当然也可以利用供热堆提供的热能，采用吸收式制冷或喷射制冷的方式进行冷、热联产，或者进行海水淡化。

供热堆的结构和压水堆类似，由于供热堆是作为城市集中供热的热源，因而会受到热力管网散热的限制，供热堆通常都比较靠近城市或热用户。因此，供热堆的安全就显得特别重要。

基于以上原因，现在供热堆的主要形式就是池式低温供热堆。池式低温供热堆也和压水堆一样，配有各种控制和监视系统等，用以保障供热堆的安全运行。池式供热堆除安全性特别好外，成本也比动力堆低很多，建造费用仅为动力堆的1/10，但是其经济性已可和燃煤及燃油供热站相比，而对环境的影响却可以忽略不计。

（二）生产反应堆

生产反应堆主要用于生产易裂变材料或其他材料，或用来进行工业辐照。生产堆包括产钚堆、产氚堆、产钚产氚两用堆、同位素生产堆及大规模辐照堆，如果不是特别指明，通常所说的生产堆就是指产钚堆。

生产堆结构简单，生产堆中的燃料元件既是燃料又是生产钚-239的原料。中子来源于用天然铀制作的元件中的铀-235。

铀-235裂变中子产额为2~3个，除维持裂变反应所需的中子外，余下的中子被铀-238吸收，即可转换成钚-239，平均烧掉一个铀-235原子可获得0.8个钚原子。也可以用生产堆生产热核燃料氚，用重水型生产堆生产氚要比用石墨生产堆产氚高7倍。

（三）动力反应堆

根据用途不同，动力反应堆可分为电站用反应堆、推进用反

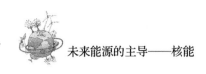

应堆和供热用反应准，用途包括用于工业供汽、城市供暖和海水淡化等。一句话，动力反应堆是以生产动力为目的的反应堆。

目前，建造数量多，工艺比较成熟的有轻水堆（包括压水堆和沸水堆）、重水堆（主要是坎杜堆）、天然铀石墨气冷堆、低浓铀石墨气冷堆（改进气冷堆）等热中子动力堆和正在发展的高温气冷堆。快中子增殖堆用作动力堆还处于发展阶段。

四、第四代概念堆

2002 年，在东京召开的第四代核能系统国际论坛会议上，与会的 10 个国家在 94 个概念堆的基础上，一致同意开发以下六种第四代核电站概念堆系统。

（一）气冷快堆

气冷快堆系统是快中子谱氦冷反应堆，采用闭式燃料循环，燃料可选择复合陶瓷燃料。它采用直接循环氦汽轮机发电，或采用其工艺热进行氢的热化学生产。通过综合利用快中子谱与锕系元素的完全再循环，气冷快堆能将长寿命放射性废物的产生量降到最低。

此外，气冷快堆的快中子谱还能对现有的裂变材料和可转换材料进行合理利用。它是快中子谱铅（铅/铋共晶）液态金属冷却堆，采用闭式燃料循环，以实现可转换铀的有效转化，并控制锕系元素。铅合金液态金属冷却快堆系统的燃料是含有可转换铀和超铀元素的金属或氮化物。

（二）铅合金液态金属冷却快堆

铅合金液态金属冷却快堆系统的特点是可在一系列电厂额定

功率中进行选择，例如铅合金液态金属冷却快堆系统可以是一个1200兆瓦的大型整体电厂，也可以选择额定功率在300兆瓦~400兆瓦的模块系统与一个换料间隔很长（15~20年）的50兆瓦~100兆瓦的组合。铅合金液态金属冷却快堆系统可满足市场上对小电网发电的需求。

（三）液态钠冷却快堆

液态钠冷却快堆系统是快中子谱钠冷堆，它采用可有效控制锕系元素及可转换铀的闭式燃料循环。液态钠冷却快堆系统主要用于管理高放射性核废弃物，特别在管理钚和其他锕系元素方面。

该系统有两个主要方案：中等规模，也就是功率为150兆瓦~500兆瓦，燃料用铀-钚-次锕系元素-锆合金的核电站。中到大规模核电站，即功率为500兆瓦~1500兆瓦，燃料用铀-钚氧化物燃料。

液态钠冷却快堆系统由于热响应时间长，一回路系统在接近大气压下运行，并且一回路与电厂的水和蒸汽之间有中间钠系统等特点，因此安全性能比较高。

（四）熔盐反应堆

熔盐反应堆系统是超热中子谱堆，燃料是金属钠、金属锆和氟化铀的循环液体混合物。熔盐反应堆系统的液体燃料不需要制造燃料元件，并可以添加钚这样的锕系元素。因为锕系元素和大多数裂变产物在液态冷却剂中会形成氟化物。熔盐反应堆系统中的熔融的氟盐具有很好的传热特性，可降低对压力容器和管道的压力，热效率高。

（五）超高温气冷堆

超高温气冷堆系统是一次通过式铀燃料循环的石墨慢化氦冷

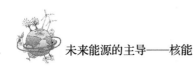

堆。超高温气冷堆堆芯可以是棱柱块状堆芯，例如日本的高温工程试验反应器，也可以是球床堆芯，比如中国的高温气冷试验堆。

超高温气冷堆系统的堆芯出口温度为1000℃，可为石油化工或其他行业生产氢或提供热量。超高温气冷堆系统中也可加入发电设备，以满足热电联供的需要。此外，超高温气冷堆系统在采用铀-钍燃料循环，能够更加灵活地使废物量最小化。

（六）超临界水冷堆

超临界水冷堆系统是高温高压水冷堆，需要在水的热力学临界点（374℃，22.1兆帕）以上运行。超临界水冷却剂热效率比较高，能够提高到轻水堆的约1.3倍。超临界水冷堆系统的特点是，冷却剂直接与能量转换设备相连接，在反应堆中不改变状态，因此可大大简化电厂配套设备。超临界水冷堆的燃料为铀氧化物。堆芯设计有两个方案，即热中子谱和快中子谱。运行压力是25兆帕，反应堆出口温度为510℃~550℃。

第三节　核反应堆的用途与运行

核反应堆一般用来发电，但是，我们知道，核反应堆是产生能源的装置，所以，除了发电之外，还可以进行相关的利用，比如，可以利用核能供热或者提供动力等。为了保证核反应堆在正常工况下对启动、提升功率、变换功率、正常停堆等进行控制，并维持稳态运行，需要对某些运行参数进行必要的调节。确保在任何情况下安全停堆，确保设备安全。

一、核能，大有作为

核反应堆有许多用途，我们知道，核反应堆在进行核裂变时，既释放出大量能量，又释放出大量中子。但归结起来有两种，一是利用裂变核能，二是利用裂变中子。核能主要用于发电，但它在其他方面也有广泛的应用。例如核能供热、核动力等。

核能供热是 20 世纪 80 年代才发展起来的一项新技术，核能供热是一种经济、安全、清洁的热源，因而受到广泛重视。在以往的能源结构上，用于低温（如供暖等）的热源，占总热耗量的一半左右，这部分热多直接由燃煤产生，因而容易给环境造成严

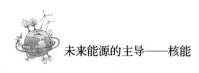

重的污染。

在我国能源结构中，近 70%的能量是以热能形式消耗的，而其中约 60%是 120℃以下的低温热能，所以，发展核反应堆低温供热，对缓解供应和运输紧张、净化环境、减少污染等十分重要。核供热不仅可用于居民冬季采暖，也可用于工业供热。特别是高温气冷堆可以提供高温热源，可以用在煤的气化、炼铁等耗热巨大的行业里。核能既然可以用来供热，也一定可以用来制冷。由此看来，核供热是一种前途远大的核能利用方式。

海水淡化是核供热的另一个潜在的巨大用途。在各种海水淡化方案中，采用核供热是成本控制最好的一种。在世界上降水稀少的地区，尤其是中东、北非地区，由于缺乏淡水，海水淡化的前景是很光明的。

和传统能源相比较，核能是一种具有独特的优越性的动力。因为它不需要空气中的氧气参与燃烧，因此可作为地下、水中和太空等缺乏空气环境下的特殊动力。核能耗料少、能量密度高，一次装料后可以长时间供能。

由于以上的优点，核能可作为火箭、宇宙飞船、人造卫星、潜艇、航空母舰等需要在无氧或者缺氧的状态下工作的装置的特殊动力。现在，人类进行的太空探索，还局限于太阳系之内，所以飞行器所需要的能量还不是大问题，用太阳能电池就可以了。但是，如要到太阳系外探访其他星系，核动力恐怕就会是唯一的选择。因此，将来核动力可能会用于星际航行。

美、俄等国一直在从事核动力卫星的研究开发，目的是把发电能力达上百千瓦的发电设备安装在卫星上。有了功率比较大的电源，将大大增强卫星在通信、军事等方面的威力。比较成功的例子是，1997 年 10 月 15 日，美国国家航空航天局就发射了"卡西尼"号核空间探测飞船，它以核动力作为推动力，飞往土星，历时7年，行程长达35亿千米。

目前，核动力推进，主要用于核潜艇、核航空母舰和核破冰船。由于核能的能量密度大、只需要少量核燃料就能运行很长时间，这就使得核动力在军事上有很大优越性。更加卓越的是，核裂变能的产生不需要氧气，故核动力潜艇可在水下长时间航行。

正因为核动力推进有如此大的优越性，世界几十年来已制造的用于舰船推进的核反应堆已达数百座，超过了核电站中的反应堆数目，当然，核动力反应堆的功率远小于核电站反应堆。现在，核航空母舰、核驱逐舰、核巡洋舰与核潜艇一起，已形成了强大的海上核力量。

利用链式裂变反应中产生出大量中子是核反应堆的第二大用途。这方面的用途很多，我们可以举几个例子来说明。

我们知道，放射性同位素在工业、农业、医学上的应用广泛，而许多稳定的元素的原子核如果再吸收一个中子就会变成一种放射性同位素。因此，反应堆可用来大量生产各种放射性同位素。

还有，现在工业、医学和科研中经常要用到一种带有极微小孔洞的薄膜，用来过滤、去除溶液中的极细小的杂质或细菌。这时就可以在反应堆中用中子轰击薄膜材料，这样可以生成极微小的孔洞，达到相关技术要求。

另外，利用反应堆中的中子还可以生产优质半导体材料。我们知道在单晶硅中必须掺入少量其他材料，才能制成半导体，例如掺入磷元素。

掺加少量材料一般是采用扩散方法，在炉子里让磷蒸汽通过硅片表面渗透到里面。但这样做效果不是太理想，硅中磷的浓度

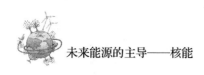

分布不均匀，往往是表面浓度高，里面浓度便低。

中子掺杂技术可以解决这些问题。可以把单晶硅放在反应堆里接受中子辐照，硅俘获一个中子，经过衰变后就变成了磷。由于中子不带电，能够很容易进入硅片的内部，所以，用这种办法生产的硅半导体性质优良。

利用反应堆产生的中子还可以治疗癌症。中子治疗癌症基于这样的原理：人体中的癌组织对硼元素有较多的吸收，而硼又有很强的吸收中子的能力。硼被癌组织吸收后，经中子照射，硼就会变成锂并放出 α 射线。α 射线可以有效杀死癌细胞。由于是内部治疗，治疗效果要比从外部用 γ 射线照射好得多。

中子还可用于中子照相或者说中子成像。中子易于被轻物质散射，因此将中子照相用于检查轻物质（例如炸药、毒品等）特别有效，而如果用 X 光或超声成像则有可能检查不出来。

二、核反应堆运作流程

通过前文我们知道，当中子打入铀-235 的原子核以后，原子核就会变得不稳定，会分裂成两个较小质量的新原子核，同时产生巨大能量，而且还会放出 2~3 个中子和其他射线。这些放射出来的中子再打入别的铀-235 原子核，还会引起新的核裂变，新的裂变又产生新的中子和裂变能，继续轰击新的铀-235 原子核，如此不断持续下去，就形成了链式反应。

利用原子核反应原理建造的反应堆需要按照人的要求工作，因此需将裂变时释放出的中子减速后，再引起新的核裂变，

慢化剂是一些含轻元素而又吸收中子少的物质，如重水、

铍、石墨、水等。由于热中子更容易引起铀-235等裂变，这样，用少量裂变物质就可获得链式裂变反应。

以热中子反应堆为例，它必须用冷却剂把裂变能带出堆芯。冷却剂也是吸收中子很少的物质。热中子堆最常用的冷却剂是轻水（普通水）、重水、二氧化碳和氦气。

核电站的核心是核反应堆。核电站的内部通常由一回路系统和二回路系统组成。核反应堆运行时放出的热能，由一回路系统内的冷却剂带出，用以产生蒸汽。因此，整个一回路系统又被称为"核供汽系统"，一回路系统的作用相当于火电厂的锅炉。但是，核反应堆和火电站的锅炉不同，核燃料是有放射性的元素，为了确保安全，整个一回路系统必须装在一个密闭厂房内，这个密闭的厂房就是安全壳。这样，核电站无论在正常运行状态还是发生事故时都不会影响安全。

核电站的二回路系统由蒸汽驱动汽轮发电机组进行发电，与火电厂的汽轮发电机系统也基本相同。

截至今天，热中子堆中的大多数是用轻水慢化和冷却的所谓轻水堆。轻水堆又分为压水堆和沸水堆。压水堆核电站是一个密闭的循环系统，它的一回路系统与二回路系统完全隔开。

这类核电站的流程为：主泵将高压冷却剂送入核反应堆，一般冷却剂保持在120~160个大气压。在高压情况下，冷却剂的温度即使300℃多也不会汽化。冷却剂的作用是把核燃料燃烧放出的热能带出反应堆，并进入蒸汽发生器，通过数以千计的传热管，把热量传给管外的二回路水，使水沸腾产生蒸汽。

冷却剂流经蒸汽发生器后，再由主泵送入反应堆，这样来回循环，不断地把反应堆中的热量带出并转换产生蒸汽。从蒸汽发生器出来的高温高压蒸汽，推动汽轮发电机组发电。

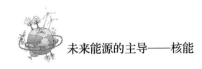

做过功的废气在冷凝器中凝结成水，再由水泵送入加热器，重新加热后送回蒸汽发生器。这就是二回路循环系统。

压水堆由压力容器和堆芯两部分组成。压力容器是一个密封的、又厚又重的、高达数十米的圆筒形的壳，所用的钢材耐高温、高压，耐腐蚀，用来推动汽轮机转动的高温、高压蒸汽就在这里产生的。在容器的顶部设置有控制棒驱动机构，用以驱动控制棒在堆芯内上下移动。

堆芯是燃料组件构成的。它是反应堆的心脏，装在压力容器中间。正如锅炉烧的煤块一样，燃料芯块是核电站"原子锅炉"燃烧的基本单元。每个堆芯一般由 121 个到 193 个组件组成。这样，一座压水堆核反应堆所需燃料棒可能高达几万根，二氧化铀芯块有 1000 多万块。

此外，这种反应堆的堆芯还有控制棒和含硼的冷却水（冷却剂）。控制棒可以吸收反应堆中的中子，用来控制反应堆核反应的快慢。如果反应堆发生故障，立即把足够多的控制棒插入堆芯，在很短时间内反应堆就会停止工作，这就保证了反应堆运行的安全。

轻水堆——沸水堆电站工作流程是：冷却剂（水）从堆芯下部流进，在沿堆芯上升的过程中，从燃料棒那里得到了热量，使冷却剂变成了蒸汽和水的混合物，经过汽水分离器和蒸汽干燥器，将分离出的蒸汽推动汽轮发电机组发电。

沸水堆是由压力容器及其中间的燃料元件、十字形控制棒和汽水分离器等部分组成。汽水分离器的作用是把蒸汽和水滴分开、防止水进入汽轮机，造成汽轮机叶片损坏，它位于堆芯的上部。

沸水堆所用的燃料和燃料组件与压水堆相同。在沸水堆中，沸腾水既作慢化剂又作冷却剂。沸水堆与压水堆不同之处在于冷却水保持在较低的压力（约为 70 个大气压）下，水通过堆芯变成约 285℃的蒸汽，并直接被引入汽轮机。所以，沸水堆只有一个回路，省去了容易发生泄漏的蒸汽发生器，因而显得很简单。

　　总体上来讲，轻水堆核电站的最大优点是结构和运行都不复杂，尺寸较小，建造成本低廉，燃料也比较经济，而且具有良好的安全性、可靠性与经济性。轻水堆核电站也存在一定的缺点，它的缺点是必须使用低浓铀，目前采用轻水堆发电的国家，主要依赖美国和俄罗斯供应核燃料。

　　此外，轻水堆对天然铀的利用率比较低。系列地发展轻水堆要比系列地发展重水堆多用至少 50%的天然铀。

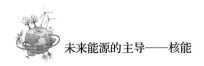

第四节　核反应堆，据说很安全

核能转化为热能。为了把核裂变产生的热能导出并加以利用，就必须有相应的系统和设备。为了核反应堆装置安全可靠地运行，除了堆芯冷却系统以外，还有许多辅助系统。比如反应堆的安全保护系统，具有监测并发现异常工况、报警、自动校正和保护甚至自动停堆的功能。目前，保证核反应堆安全性的效应方式有负反应性温度效应、空泡效应、多普勒效应等。

一、核反应堆的固有安全性

我们知道，核反应堆的燃料具有放射性，会对环境造成严重的污染，甚至对人类造成不可逆的伤害。因此，做好安全措施和防护措施是保证核能利用的最重要也是最必要的条件。实际上，核电站的反应堆本身具有防止核反应失控的工作特性，我们称这种特性为固有的安全性。

一般来讲，核反应堆本身所具有的负反应性温度效应、空泡效应、多普勒效应、核燃料的燃耗等构成了核反应堆的固有特性。

负反应性温度效应指的是核反应堆内各部分温度升高而再生系数 K 变小的现象，这种效应对反应堆的稳定性和安全性起决定作用。

空泡效应指的是核反应堆冷却剂中，特别是在沸水堆中产生的蒸汽泡，随功率增长而加大，从而造成相当大的负泡系数，使反应性下降，空泡效应有利于核反应堆运行的安全。

多普勒效应是指裂变中产生的快中子在慢化过程中被核燃料吸收的效应。多普勒效应随燃料本身的温度变化而有很大的变化。特别重要的是这种效应是瞬时的，当燃料温度上升时，它马上就起作用。多普勒效应是奥地利物理学家及数学家多普勒提出来的。

氙和钐是在裂变产物中积累起来的对反应堆毒性很大的元素，这两种元素很容易吸收热中子，使堆内的热中子减少，反应性也下降。一般说来，反应堆长期运行之后，由于燃料的燃耗加深，反应性下降是正常现象。

通常来讲，以上所说的这些效应一般都有利于核反应堆运行的安全，但在特定的条件下，也会对核反应产生不利的影响。在轻水核反应堆里，有三个效应是起作用的：

第一，由于核燃料温度的上升，铀-238 吸收中子的数量增加，从而使反应性有很大的下降，也称为负反应性，这是多普勒效应起了作用。

第二，轻水慢化剂温度升高，密度减小，中子与慢化剂碰撞的机会就会减少，中子慢化的效果就会降低，使得反应性减小，这是负反应性温度效应起了作用。

第三，轻水冷却剂温度升高，就产生气泡，其道理与第二点相同。由于中子的泄漏增加，使反应性有很大下降，这就是所谓

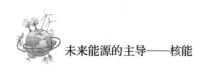

的空泡效应起了作用。

在气冷堆里，一方面，由于多普勒效应的作用，燃料呈现出负的温度效应；另一方面，因为气冷堆的功率密度低，石墨的热容量大，所以当发生事故时，堆芯温度上升比较慢，二氧化碳冷却剂的密度低，即使在冷却剂丧失的情况下，对反应性几乎也没有什么影响，功率仍然可以继续上升。这时，必须依靠停堆系统来控制核反应堆。

我们知道，核反应堆安全保护系统具备监测并发现异常情况、报警、自动校正和保护甚至自动停堆的功能。为了防止核反应堆安全保护系统和控制系统两个系统相互干扰，应对两者加以隔离，两者共用信号时也应采用适当分隔措施，以保证各个系统的独立性。

核反应堆保护系统可以监测重要的过程变量，如功率、温度、压力、流量、稳压器的水位和蒸汽发生器的水位等，在变量超过安全运行限值，达到安全系统整定值时，可以及时自动触发相关保护系统，启动保护动作，并抑制控制系统自身的不安全动作。这个过程包括一系列诸如停棒、汽轮机降负荷运行、反应堆事故停堆和安全注射信号等。

停棒的第一个保护动作是停止或闭锁自动和手动提棒。停棒是对一个超功率瞬变过程，如果这个动作能阻止功率上升，那么就不需要进一步的保护动作。

但是如果停棒后功率继续上升，就可通过降低汽轮机负荷来降低电厂功率，以避免反应堆发生进一步的事故。

保护系统监测的有关电厂变量达到事故停堆限制定值，要能使反应堆安全停堆。例如这样的情况出现时：中子通量过高、反应堆冷却剂压力过高或者过低、进出口温差超温、超功率、反应堆冷却剂低流量、稳压器高水位、蒸汽发生器的低水位、蒸汽发生器低给水流量、手动停堆、汽轮机停机、地震、安全注射系统动作、安全壳超压等。事故停堆系统能切断控制棒组件、调节棒组和停堆棒组传动机构的电源，使它们在重力的作用下落入堆芯。

当发生稳压器低压力、蒸汽管道高压差、蒸汽管道高流量、安全壳压力升高等情况，安全注射信号要开始起作用。

二、一个都不能少——辅助系统

核反应堆是将核能转化成其他能量的装置，由于所采用的耗损材料的特殊性，因此，为了核反应堆装置安全可靠地运行，除了堆芯冷却系统以外，还有许多辅助系统。核反应堆堆型不同，它们的主冷却剂系统和辅助系统也有所不同。这里以压水堆核电站为例，介绍与核动力厂相关的主要核安全专设系统及功能。

为了保证核电站一回路系统和二回路系统的安全运行及调节，并为一些重大的事故提供必要的安全保护及防止放射性物质扩散的措施，核电站中还设置了许多辅助系统。按其所起的作用，大致可以分为以下几类。

第一类，化学和容积控制系统、主循环泵轴密封水系统。这是为了保证核反应堆和一回路系统正常运行的系统。

第二类，设备冷却水系统、停堆冷却系统。这是为核电站一回路系统在运行和停堆时提供的必要的冷却系统。

第三类，安全注射系统、安全壳喷淋系统。这是在发生重大失水事故时保证核电站反应堆及主厂房安全的系统。

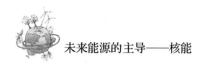

第四类，疏排水系统、放射性废液处理系统、废气净化处理系统、废物处理系统、硼回收系统、取样分析系统。这是控制和处理放射性物质，减少对自然环境放射性排放的系统。

第五类，一回路还有其他的辅助系统，比如补给水系统、废燃料池冷却及净化去污清洗系统等。

第六类，二回路的辅助系统：主蒸汽排放系统、蒸汽再热及抽气系统、凝结水给水系统、事故给水系统、蒸汽发生器排污系统、润滑油系统及循环冷却水系统等。

一回路的辅助系统基本都与核电站的安全性相关，但从功能上只有专设安全设施。包括：应急堆芯冷却系统、蒸汽和给水管道隔离系统、辅助给水系统、安全壳隔离系统、停堆冷却系统、安全壳喷淋系统、去氢气复合或点火系统、反应堆保护系统和核电站专设核安全系统。

核反应堆保护系统由两部分组成，即核反应堆停堆触发系统和专设安全设施触发系统。

应急堆芯冷却系统包括高压安注系统和低压安注系统，是发生重大失水事故时保证核电站反应堆堆芯得到应急冷却的系统。蒸汽和给水管道隔离系统的作用是在发生主蒸汽管道断裂事故时，能够将发生主蒸汽管道断裂的蒸汽发生器与三回路隔离，防止蒸汽通过断管处直接排放到常规岛厂房，特别是如果蒸发器传热管有破损时，主冷却剂中的放射性通过蒸发器破损处泄漏到二次侧，再通过主蒸汽管道破口直接向常规岛厂房释放。包括主蒸汽管道隔离阀、给水隔离阀和相关的流体管道。

辅助给水系统的功能是使反应堆在功率运行时能够得到足够的冷却，以防止出现堆芯冷却能力丧失事故。简单来讲，辅助给水系统就是保证反应堆因失去主给水后能够用辅助给水替代。

安全壳隔离系统是为了防止安全壳内主蒸汽管道断裂事故可能导致主冷却剂回路因得不到足够冷却卸压，从而可能发生放射性物质通过主蒸汽断管的破口处释放到常规岛。安全壳隔离系统隔离贯穿安全壳的主蒸汽管道。

停堆冷却系统是为了保证反应堆的堆芯不被余热烧毁。它的功能是保证反应堆在正常停堆和事故工况紧急停堆后反应堆堆芯得到适当的冷却，把反应堆的余热排除。

安全壳喷淋系统是在发生主回路向安全壳喷放卸压后保证安全壳得到适当冷却，防止其完整性因超压被破坏。

氢气复合或点火系统是防止产生大量氢气排放到安全壳内发生氢气爆炸的风险而专设的消氢设施。而如果采用非能动催化氢气复合器，就不需要专设触发保护。

此外，压水堆还设有快速注硼第二紧急停堆系统，以保证在发生预计瞬态不能紧急停堆事故时能够紧急停堆，使核电站保持在可控的状态。

三、反应堆会不会爆炸

无论是"二战"的时候，美国投往日本广岛和长崎的原子弹，还是在各个国家原子弹的实验中，核爆炸的威力都让人胆战心惊，那么，作为核能转化装置的核电站反应堆会不会也会存在爆炸的风险呢？答案是否定的，核反应堆不会爆炸。其原因至少有三条。

第一条，核反应堆使用的核燃料中只有 2%~5% 是易裂变的铀-235。原子弹使用的核燃料中 90% 以上是易裂变的铀-235。核

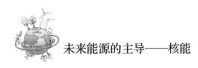
燃料浓度天壤之别。

　　第二条，反应堆内装有由易吸收中子的材料制成的控制棒，通过调节控制棒的位置来控制核裂变反应的速度。也就是说，核反应堆内发生的核反应是可控的。

　　第三条，冷却剂不断地把反应堆内核裂变反应产生的巨大热量带出，使反应堆内的温度控制在一个安全的范围内，所以不会存在发生爆炸的危险。

　　既然有各道安全措施，核电站不会爆炸，可能有人还要问，为什么一些国家不轻易转让核能发电技术呢？这是由于反应堆用于发电的同时，在反应堆内还产生一定量的钚-239（除大部分中子轰击铀-235 原子核使其发生裂变外，仍有一部分中子被铀-238 原子核俘获使后者变成钚-239。在反应堆内生成的钚-239中，约有 50%再被中子轰击发生裂变，释放出能量，使核燃料增殖。其余不到 50%的钚-239 则留在反应堆内），经后处理可将钚-239 提取出来。而钚-239 则是用于制造原子弹的材料。一般来讲，重水堆产生的钚-239 约为压水堆的两倍。

　　若是核电技术被心怀叵测的人掌握，就会给世界带来更多不可预测的核威胁。

第五节　世界第一座核反应堆

世界上第一座核反应堆，于 1941 年 7 月开始由原籍意大利的实验物理学家、诺贝尔奖获得者费米所领导的小组研究设计。1941 年 12 月，美国物理学家、诺贝尔物理学奖获得者阿瑟·霍利·康普顿被任命负责这项工作。

为了争取时间，不因建设新工厂而影响反应堆的工程进度，阿瑟·霍利·康普顿选中了芝加哥大学斯塔格橄榄球场西看台底下的一个现成的壁球厅，把它改造成世界第一座反应堆的安装地，代号叫作"冶金实验室"。

"1942 年 12 月 2 日。"

"人类于此首次完成自持链式反应的实验并因而肇始了可控的核能释放。"

这是芝加哥大学的某幢建筑的外墙上所铭刻的文字。几十年前，在这幢不起眼的建筑中，产生了人类历史上第一个核反应堆：芝加哥 CP-1。从此，人类正式进入了原子能的时代。

事情要从 1939 年 1 月 16 日玻尔到美国普林斯顿高级研究所和在那里工作的爱因斯坦探讨铀裂变问题说起。然后，玻尔又和费米在华盛顿大学举行的一次理论物理学会议上交换了各自的研究成果。在这次交谈中，原子核链式反应的概念开始成形。

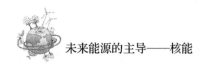

1939 年 3 月，在哥伦比亚大学工作的费米、津恩、西拉德和安德森等人进行试验，以确定铀核裂变的所释放出的中子数目到底是几个。实验结果表明，铀核在裂变时能够释放多于两个的中子，由这个结论可以推断铀原子核一个接一个分裂的链式反应在理论上是可行的。

至此，能否实现核分裂链式反应的问题已经在理论上得到了基本解决。当时，纳粹德国也在研究这方面的问题，聚集在美国的各国著名科学家们强烈地预感到，美国政府应该利用这一最新科研成果，尽早研制威力强大的原子武器，而且必须赶在德国人前面，否则，德国人可能会给世界带来更多的灾难。

这样，就需要费米全力以赴建造一座能产生自持链式反应的原子核反应堆。

1941 年 7 月，费米和津恩等人在哥伦比亚大学，开始着手进行石墨-铀点阵反应堆的研究，确定实际可以实现的设计方案。

12 月 6 日，即日本偷袭珍珠港的前一天，罗斯福总统下令设置专门机构，以加强原子能的研究。此时，康普顿被授权全面领导这项工作，并决定把链式反应堆的研究集中到芝加哥大学进行。

1942 年初，哥伦比亚小组和普林斯顿小组都转移到芝加哥大学，挂上"冶金实验室"的招牌。这就是后来著名的阿贡国立实验室的前身。

在芝加哥大学的这个"冶金实验室"里，费米所领导的小组主要是设计建造反应堆。他们既有分工又有交叉，自觉地、有条不紊地进行着实验研究和工程设计工作。

在建造并试验了 30 个亚临界反应堆实验装置的基础上，最后才制订出建造真正反应堆装置的计划。

1942年11月，这个反应堆主体工程正式开工。由于机制石墨砖块、冲压氧化铀元件以及对仪器设备的制造很顺利，工程进展很快。费米的两个"修建队"，一个由津恩领导，另一个由安德森领导，几乎是昼夜不停地工作着。而由威尔森所领导的仪器设备组，也是日夜加班，紧密配合。

反应堆一天天完善。为它工作的人们，神经也越来越紧张。他们明白：虽然从理论上说，在这反应堆里，链式反应是可以控制的。但毕竟是开天辟地的第一次，反应过程中会发生什么没有预料到的情况，谁也没有把握。

费米教授是个头脑机敏、遇事果断的人。他对一些重大的技术问题，只要是正确的、好的见解，不管是谁提出的，他都采纳。所以，他的助手们形容他是"完全自信，而毫不自负的人"。费米一直亲临建造现场，根据工程进展情况和实测结果，证明了原来的设想是那么精确。他能够预言出几乎完全精确的石墨-铀砖块的数目，这些砖块堆到了这个数目，就会发生链式反应。

1942年12月1日中午过后，测量数据表明，链式反应马上就要开始了。最后一层石墨-铀砖块放到反应堆上，津恩和安德森一起对反应堆内部的放射性做了测量。认为只要一抽掉控制棒，链式反应就会发生。

津恩和安德森商定先向费米汇报情况，然后再进行下一步的工作。当晚，费米向所有工作人员传话："明天上午试车。"

1942年12月2日上午8点30分，研究人员聚集在这间屋子里，费米、康普顿、津恩和安德森都站在仪器前面。反应堆旁边站着韦尔，他的职责是抽出那根主控制棒。

9点45分，费米下令抽出电气操纵的控制棒。

10点钟刚过，又令津恩把另一根叫"急朴"的控制棒抽出。

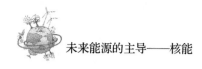

接着，命令韦尔抽出那根主控制棒。由于安全点定得太低，自动控制棒落下来了，链式反应没有发生。时为 11 点 35 分。因为控制棒能吸收中子，中子数下降就会使反应暂时中止。

午后，韦尔对控制棒的安全点做了一些调整。

下午 3 点过后，费米一面盯着中子计数器，一面命令韦尔抽出那根主控制棒。费米说："再抽出一英尺。"

"好！这就行了。"接着对一直站在他旁边的康普顿教授说："现在链式反应就成为自持的了。仪器上记录的线迹会一直上升，不会再平延了。"这个时间是 1942 年 12 月 2 日下午 3 点 25 分。

当这世界上第一座原子核反应堆开始运转之际，在场的人们聚精会神地盯着仪器，一直注视了 28 分钟。

"好了！把'急朴'插进去。"费米命令操纵那根控制棒的津恩。立刻，计数器慢下来了，反应停止了。时为下午 3 点 53 分。世界上第一座核链式反应装置终于实现了可控反应。一座真正意义上的核反应堆诞生了。

由于世界第一座链式核裂变装置是由石墨堆成的一个堆，故称为"反应堆"，后来的核动力装置也延续了这一称呼。

费米的试验装置第一次实现了核能的可控制裂变，为后来人们利用核能积累了经验。也为核能技术的发展树立了一个新的起点。是人类核能利用史上一件具有重大意义的事件。

第四章　核燃料及燃料循环

我们知道，在核电站的核反应堆中，可以通过核裂变或核聚变而产生实用核能的材料，称为核燃料。重核的裂变和轻核的聚变是获得核能的两种主要方式。铀-233、铀-235和钚-239是能发生核裂变的核燃料，又称裂变核燃料。

在核燃料进入反应堆前进行制备，然后在反应堆中燃烧后进行处理，这个过程称为核燃料循环。这意味着核燃料在反应堆中只能烧到一定程度就必须卸出并换上新燃料。乏燃料（即烧过的燃料）中的铀和钚可以分离出来并返回反应堆，作为燃料循环使用，参与核燃料的循环。

第一节　常见的核燃料

说起核技术能迅速广泛地应用，不能不提到核材料。在自然界中能发生核裂变并能放出核能以及具有放射性同位素的核素有60多种。这60多种核材料，应用最多、使用最广泛的当属铀。在现在的技术条件下，铀元素被人们大量应用在核电站、核动力和核武器方面。因此，可以说，铀是应用范围最广泛的核燃料。

一、铀的发现

铀作为一种放射性元素，是核工业体系最重要、最基础的物质材料。可以说，没有铀，就没有核电站；没有铀，就没有核武器；没有铀，就没有核动力。铀的发现，还有一段曲折的历程。18世纪上半叶，德国南部出产一种矿物。当时许多矿物学家试图对它进行分类，但意见很不一致。有的认为它是锌矿，有的则把它归入铁矿。元素钨发现后，还有人认为这种矿物中含有钨。

1789年，德国化学家克拉普罗特对这种矿物进行了全面分析。他用硝酸处理这种矿物，得到一种黄色溶液，中和处理后析

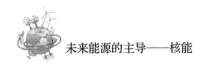

出一种黄色沉淀。沉淀物的性质与所有已知元素都不一样，克拉普罗特认为它是一种新元素的"氧化物"。

克拉普罗特将这种"氧化物"与炭放在一起，加热到很高温度，得到了一种金属态的黑色物质，这种黑色物质的化学性质与所有已知元素的化学性质不同，因此克拉普罗特认为自己发现了一种新的元素。

1789年9月4日，克拉普罗特报告了自己的发现，题目是"乌拉尼特———一种新的半金属"。他之所以将"新元素"命名为"乌拉尼特"，是为了纪念在当时8年前新行星——天王星（英文中两者拼写和发音相似）的发现。

1790年，克拉普罗特将"新元素"改称"铀"。他说："我根据类推法将该新金属的名称由乌拉尼特改为铀。"于是铀的历史开始了。

实际上，"新元素"不是元素而是化合物。在长达半个世纪的时间内，竟然没有人认识到。克拉普罗特本人一直到死，仍然深信自己发现并分离出了铀元素。

直到1841年，法国化学家佩里戈特才揭开了"乌拉尼特"的秘密，证实"乌拉尼特"的确是铀的化合物而不是元素铀。接着佩里戈特将这种化合物进行高温处理，终于得到银白色的金属铀颗粒。

至此，一种新的化学元素铀才在真正意义上诞生。铀的原子量，佩里戈特等测得的数值是120。

铀化合物发现的时候，已知的化学元素还只有25种。但是到1841年佩里戈特制得真正的元素铀的时候，已知元素的数目已经增加到55种。元素铀发现的时候，门捷列夫的元素周期表还没有问世。

1869 年，当时人们发现的化学元素已经增加到了 62 种，俄国化学家门捷列夫在前人工作的基础上，发现了一个规律，即随着元素原子量的增加，元素的性质明显地呈现出周期性变化，这就是著名的元素周期律。两年后，门捷列夫根据元素周期律编制成了元素周期表。

门捷列夫在制订周期表时，还根据元素的性质，并考虑到周期表中的可能位置，校正了一些元素的原子量，其中就包括铀元素。

佩里戈特等测得的铀的原子量是 120。按照这一当时公认的数值，铀应该排在锡（原子量为 118）和锑（原子量为 122）之间。但是周期表中锡和锑是连续排列的，中间并没有空位，如果前一种情况是正确的，那么这就表明铀元素的位置应该不在此处。而且根据铀的性质，它也不应该排在这个位置上。

门捷列夫相当准确地将铀的原子量加大了一倍，即加大为 240，使铀元素成了最重的元素，同时也使铀元素排在了比较正确的位置上。后来随着新元素的不断发现，到锕系理论确立之后，铀才排到了更合适的位置。

齐默尔曼测得铀的原子量约为 240，证实了门捷列夫对铀原子量所作修改是正确的。在周期表中铀排在第 92 号，因此是第 92 号元素。这一年是 1886 年。

1913 年，莫斯莱应用 X 射线测定了原子核所带的正电荷的数目，进一步发展了元素周期律。这一工作指明了周期律的真正基础不是原子量，而是核外电子数。莫斯莱同时证实，原子的核电荷数或核外电子数在数值上正好等于原子序数，从而最终确定了铀是 92 号元素，并且是当时已知的最重的元素。

容易发生裂变的重原子核称为核燃料，只有三种同位素的原子核可以在热中子的轰击下产生裂变，即可作为热中子反应堆核燃料的只有铀-235、钚-239 和铀-233，其中只有铀-235 存在于天然铀中。

钚-239 和铀-233 只能通过铀-238 和钍-232 的核反应转变而成，因而铀-233 和钚-239 称为人工核燃料（或二次核燃料），铀-238 和钍-232 称为"可转换材料"，也称为制得钚-239 和铀-233 的原始核燃料。

目前，核电站反应堆最常用的核燃料为二氧化铀。二氧化铀的制作过程是：首先将天然铀-235 转化为六氟化铀，然后将六氟化铀浓缩。浓缩了的六氟化铀再通过化学过程转化为二氧化铀，然后将它烧结加工成二氧化铀芯块。芯块装于锆合金包壳内，这就制得了耐压的燃料元件棒。

因为二氧化铀具有良好的辐照稳定性，在高温水中其腐蚀速率低以及与锆合金包壳有良好的相容性，因此二氧化铀目前作为热中子反应堆的核燃料。但是，在核裂变反应过程中，二氧化铀会导致燃料元件径向温度梯度升高，从而产生很大的热应力。这是因为二氧化铀的主要缺点是导热性差。与压水堆、沸水堆用二氧化铀为核燃料不同，坎杜重水堆用天然铀作核燃料。

二、核燃料钚（Pu）和钍（Th）

目前，产生核能的核燃料包括铀（U）、钍（Th）和钚（Pu）三种元素。铀和钍是存在于自然界的天然放射性元素，钚在自然界存量极微，是主要靠核反应生产出来的人工放射性元素。

根据相关教材的说法，钚是元素周期表中的第 94 号元素，原子量为 239.244，自然界中存量极微，大多在天然铀矿中伴生。提纯后的钚是白色金属，其化学性质极其活泼。由于钚-239 裂变反应截面大于铀-235 的反应截面，故钚-239 裂变反应释放的能量大于铀-235。

目前核科学界正在研究将天然铀中的铀-238 转化为钚-239，这一技术将极大地提高天然铀的资源利用率，为核燃料提供更广泛的来源。

钍是元素周期表中的第 90 号元素，原子量为 232.038。钍在地表中的平均含量为 9.6 克/吨。已知的钍矿物有 100 多种，其中最主要的是独居石，其含钍量约为 5%。独居石是提炼钍的主要矿物，它是一种含有铈和镧的磷酸盐矿物，中文学名为磷铈镧矿（含有铈、钕、镧、钍和四氧化磷）是提炼铈、镧的主要矿物，是商业钍的主要来源。提纯后的钍呈银白色金属光泽。钍作为核燃料，在高温气冷堆中钍-铀燃料循环中，90%的钍-232 转化为铀-233。

铀-235，占铀的总量不到 0.7%。还有极少量的铀-234。当铀-235 的原子核受到中子轰击时会分裂成两个质量近于相等的原子核（变成铀-236），同时放出 2~3 个中子。

铀-238 的原子核不是直接裂变，而是在吸收快中子后变成另外一种核燃料——钚-239，钚是可以裂变的。还有另外一种金属——钍-232，它的原子核吸收一个中子后也能变成一种新的核燃料——铀-233。所以铀-235 和钚-239 可以通过裂变产生核能，称为核裂变物质。铀-238 则通过生成钚-239 后再通过裂变产生核能。所以铀-235、钚-239、铀-238 通称作核燃料。

与一般的矿物燃料相比，核燃料有两个突出的特点：一是生产过程复杂，要经过采矿、加工、提炼、转化、浓缩、燃料元件

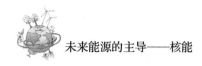

制造等多道工序才能制成可供反应堆使用的核燃料；二是还要进行"后处理"。基于以上原因，目前世界上只有为数不多的国家能够生产核燃料。

三、核燃料的循环

目前，世界上只有为数不多的国家能够生产核燃料。核燃料的另一特征是能够循环使用。化石燃料燃烧后，剩下的是不能再燃烧的灰渣。而核燃料在反应堆中除未用完而剩下部分核燃料外，还能产生一部分新的核燃料，

这些核燃料经加工处理后可重新使用。所以，为了获得更多的核燃料，也为了妥善处理这些"核废料"，从用过的核燃料中回收这一部分核燃料就显得特别重要。所谓核燃料循环，就是指对核燃料的反复使用。当然在反复使用过程中核燃料也是逐步消耗的。

四、核燃料的制取

铀矿按其化学性质一般分为氧化物、盐类和其伴生的碳氢化合物等。自然界中存在很多种，对铀矿的加工就成为一件重要的事情。根据相关资料，含铀矿物的加工一般分为三个过程。

首先要进行铀矿石的预处理，对铀矿物进行破碎和研磨，将铀矿物加工成所需的粒度（200目占30%~65%）。有的铀矿物还在破碎与研磨之间增加焙烧的环节，以提高有效成分的溶解度。

其次，对铀矿石进行浸出，利用浸出液具有选择性溶解的特性，将铀矿石析出并转入浸出液中。

最后对浸出液进行浓缩和提纯，制取较纯的铀化物。

通过上述加工过程得到的铀化学浓缩物，在纯度和化学形态上仍不能达到使用要求，需要进一步精制和转化，以制取铀化合物，如二氧化铀、九氧化三铀和三氧化铀。若进行同位素分离，还需将铀化物转化成四氟化铀、六氟化铀等铀氟化物。

制取钍的过程也要经过预处理和浓缩。预处理的任务是分离掉其他矿物，提高矿石钍的品位，并使矿石粒度符合分解工序的要求。矿石经过破碎、磨细、选矿（可以分为重力选矿或磁力选矿）等工序，预处理后的独居石含量在 95%~99% 之间。浓缩过程的目的是初步分离掉大量的稀土、铀和其他杂质，制备有一定纯度的钍浓缩物，主要分为三步。

第一步，使矿石分解，通过算法浸取、碱法分解、氯化焙烧和硫酸盐化焙烧等方法，将钍、稀土、铀和其他杂质分离。

第二步，钍浓缩物制备，采用的方法有溶剂萃取、离子交换、沉淀法等，将钍与铀、稀土和其他杂质分离。

第三步，钍化合物的核纯标准为：铀、钐、钆、铕、镝均小于 0.05 毫克/千克，含水量小于 0.1%。化合物形态能满足制备金属钍的需要，可以是二氧化钍、氯化物及氟化物。

钚是由铀核燃料元件在反应堆进行燃烧和辐照后进行制取。一般是钚-239，把它分离出来需送到专用的后处理厂进行分离处理，既要把残余的铀分离出来，还要把钚-239 同其他裂变产物分离。

后处理方法分为湿法处理法和干法处理法两种，目前主使用湿法处理法。湿法处理法又分为沉淀处理法、溶剂萃取处理法和

离子交换处理法三种。目前主要使用溶剂萃取处理法。溶剂萃取
处理法的基本原理是利用铀、钚及裂变产物的不同价态，在有机
溶剂中有不同的分离系数，将它们逐一分开。钚-239 分离出来
后，还需要纯化，去除微量杂质，才能作为核燃料使用。

第二节　铀，可不是谁都买得起

1939 年，德国化学家奥托·哈恩发现了铀的核裂变现象。自此，起初只用于瓷器着色的铀比黄金还要珍贵。虽然铀的分布很广，但是，有开采价值的铀矿床的分布却非常有限。

由于铀特殊的实用价值与其非常有限的分布地等因素，使珍贵的铀变为了科学领域宝贝。所以，铀，可不是谁都能买得起。

一、怎样才能找到铀

在核能发电蓬勃发展的同时，整个世界对燃烧铀的需求也随之迅猛增长。然而，铀这种物质在陆地上的储量并不丰富，适合开采的铀矿只有 100 余万吨，即使连低品质的铀矿及其副产品铀化物计算在一起，总量也不会超过 500 万吨。

按目前的人类对铀矿的消耗速度，人类只能使用几十年。虽然在浩瀚神秘的海洋中，溶解有超过陆地储量几千万倍的铀，但海水中的铀并不集中，而是稀释在海水里，海水中含铀的浓度很低，1000 吨海水中仅含 3 克铀，从海水中提炼铀，是非常困难的。因铀的特殊性和稀有性，使得价格比黄金还要贵 5 倍。

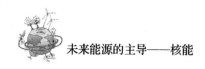

铀矿在地球上并不丰富，寻找铀矿的方法有两类：一类是间接的，另一类是直接的。间接的方法包括地球物理、地球化学方法以及遥感技术。间接方法具有快捷、成本低等优点，但不能作为提交矿床的依据，用于预查、普查及详查阶段。直接方法是寻找矿中确定矿体形态、产状、品质、储量的最终依据，在勘查阶段是必不可少的过程，直接方法成本高、投资大。

地质图是寻矿工作中用于交流信息的重要媒介。地质填图是把搜集到或观测到的有价值的各种地质信息，如岩性、构造等，用图示和符号的形式填在图上的过程。地质填图贯穿在整个寻矿的过程中，所不同的是寻矿的各个阶段要求的精度不同或比例大小不同。地质填图是地质寻矿中必不可少的过程。

地球物理的寻矿方法，是通过测量岩石的各种物性差异，如导电率、磁化率及岩石的比重等参数达到寻矿的目的。在区域上，通过对岩石的物性测量，了解岩性、构造分布的情况，指导寻找目标矿床。

由于铀具有放射性，可以用航空放射性测量和地面放射性测量来寻找铀矿床。这就是遥感技术方法，是一种接收和记录从远距离目标反射的太阳辐射电磁波及目标自身发射的电磁波的综合技术。不同岩石类型在不同的光波范围内具有不同的反射特征。遥感设备在高空，如通过卫星、飞机、气球等进行空中摄影，获取信息，通过地面处理得到可利用的遥感照片。

现代遥感技术已由常规的航空摄影发展出多种探测技术，如紫外摄影、红外摄影、热红外摄影等。

遥感照片能精确反映大地的地貌、基岩岩性和构造，能识别出岩石蚀变带、氧化带等。根据遥感照片可识别地形、地貌和地质特征，帮助确定勘查工作区。

寻找铀矿可以利用色彩斑斓的铀的次生矿物来实现，如钙铀云母、铜铀云母、硅钙铀矿、钒钾铀矿、橙黄铀矿等。

异常体测量，是在已经圈定的勘查靶区内，测量异常体的各种物性，经数据处理分析，大致确定异常体的性质、规模、位置及产状。地球物理勘查法，主要有重力法、磁法、电法等。

磁法测量是使用磁力仪记录由岩石引起的地球磁场的分布。岩石在某种程度上都被磁化过，磁化变化图可以很好地反映岩性分布图。

电法测量是根据岩石的电学性质，如导电性、电感性等，来寻矿和研究地质构造的。

重力测量是通过测量岩石密度的变化来实现找矿的目的。重力仪实际上是一个灵敏度极高的称重仪。在地质情况比较清楚的地区，测量重力细微变化，可直接用于寻找块状矿体。

寻找铀矿利用共生脉石矿物的变色来实现，放射性能使萤石变紫、水晶成为烟水晶、钻石变绿、黄玉发蓝，锆石中的铀可以在黑云母中产生多色性晕圈。因为放射线的照射能使一些矿物发出荧光、磷光。

寻找铀矿利用特征的围岩蚀变来实现。与铀矿化有关的蚀变组合有：硅化、红化、绢云母化、绿泥石化和碳酸盐化等。红化可使钾长石、斜长石、绿泥石，甚至石英、方解石等变红，这是由于含铁矿物的二价铁受放射性作用而变成三价铁所致，在这些矿物中往往出现微粒赤铁矿，主要沿解理纹及不规则的裂隙分布。

以上大部分是地球物理法寻找铀矿。地球化学法是通过对天然物质进行系统的取样分析，推断矿床的化学元素异常富集区。

取样分为水系沉积物取样、土壤取样、岩石化学取样。水系

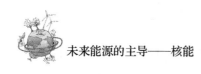

沉积物和土壤取样主要用于圈定次生晕分布区，岩石化学取样用于圈定原生晕分布范围。在寻矿的过程中，区域地球化学一般采用水系沉积物取样，在水系沉积物异常区内采用土壤地球化学取样，进一步缩小靶区，最后采用岩石化学取样逼近异常点带。

探矿工程是寻矿中最重要、成本最高、最直接的勘查手段，是地质寻矿中必不可少的过程。地球物理法、地球化学法等间接寻矿手段，虽然可以反映潜在矿床信息，但这些信息往往存在着多解性，尽管各种方法之间能消除一些多解性，但仍待探矿工程来证实。

钻探是利用机械破碎岩石向地下岩体钻进一个深孔，通过钻孔的取样或测井技术，来探明深部地质和矿体厚度，矿石质量、结构、构造等情况，以及验证物、化探异常。探矿工程包括钻探、槽探等直接勘查手段，是比较直接的测定铀矿品性的方法。

二、开采铀矿

生产铀的过程中，首先要从地下矿床中开采出工业品质的铀矿石，或将铀经化学溶浸，生产出液体铀化合物。由于铀矿含有放射性，所以铀矿开采有其特殊的方法。常用的开采方法主要有露天开采、地下开采和原地浸出三种。

露天开采方法比较简单，一般用于埋藏较浅的矿体，剥离表土和覆盖岩石使矿石露出，然后即可进行开采。地下开采一般用于埋藏较深的矿体，这种方式比较复杂。与以上两种方法相比，原地浸出采铀具有生产成本低、劳动强度小等优点，但这种方法应用有一定的局限性，仅适用于具有一定地质、水文地质条件的矿床。

原地浸出采铀首先要在铀床的地表进行钻孔，然后将化学反应剂注入矿带，通过化学反应选择性地溶解矿石中的有用成分铀，并将浸出液提取出地表。

由于铀矿石的品质低，因而在开采中心要精心施工，科学选矿，尽量减少废石的混入。

有一种既不需要剥离覆土，也不需要竖井的铀矿开采方法——"可地浸"开采法。这种方法会直接将硫酸通过钻孔注入地下矿体中，硫酸在矿体中流经一段距离，把矿体中的铀矿物溶解后，在另一个钻孔被抽出地面。

适合可地浸开采技术的铀矿，一般对地质条件要求比较苛刻。首先，矿体要有透水性，以保证硫酸在矿体中能顺畅流动。因此，可地浸铀矿要在砂岩中。其次，砂岩铀矿必须具备独特的地质环境，硫酸注入后不至于流失，并能沿某一特定方向流动。满足这一要求的同时，矿体还必须在隔水层的空间里，地学上叫"泥砂泥"结构，即含矿层的上部和下部是不透水的泥层。由于可地浸砂岩型铀矿的类型特殊，这种铀矿大都富存在大型沉积盆地中。

虽然，可地浸砂岩型铀矿对地质条件要求苛刻，但它不需要较高的品质。由于开采实物工作量小，开采成本较低，近年来受到世界各国的高度重视。中国在20世纪90年代广泛开展可地浸砂岩铀矿寻矿工作，经过长时间努力，在新疆的伊犁等盆地发现了一批大中型铀矿，并进入试采阶段。

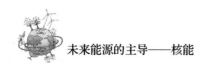

三、铀矿加工

全世界铀矿开采和冶炼工业主要集中在澳大利亚、加拿大、哈萨克斯坦、纳米比亚、尼日尔、俄罗斯、南非、美国和乌兹别克斯坦。这 9 个国家的铀产量总和占世界产量的 90%。

开采出铀矿后，就要对其进行加工。铀矿石加工的目的是将开采出来的具有工业品质或经放射性选矿的矿产品浓缩，使其成为含铀较高的中间产品，即通常所说的铀化学浓缩物。将此种铀化学浓缩物精制，进一步加工成易于氢氟化的铀氧化物作为下一步工序的原料。

为了便于浸出，矿石被开采出来以后，必须将其破碎磨细，使铀矿物充分暴露。铀矿石加工的主要步骤包括矿石品位、磨矿、矿石浸出，母液分离、溶液纯化、沉淀等工序。由于浸出液中铀含量低，而且杂质种类繁多。所以必须将杂质去除才能确保铀的纯度。一般过程是，将铀矿石从矿山运至水冶厂，经研磨，然后采用一定的工艺，借助一些化学试剂（即浸出剂）或其他手段将矿石中有价值的组分选择性地溶解出来。浸出方法有酸法和碱法两种方法。可以选择离子交换法和溶剂萃取法实现去除杂质的过程。经过对含铀沉淀物洗涤、压滤、干燥，就可以得到铀化学浓缩物。铀化学浓缩物含有大量杂质需要去除，达到需要的纯度。然后，再经过还原，制成纯度为 99.9% 以上的金属铀。

20 世纪 90 年代，我国核工业系统的科学家成功地应用堆浸、地浸技术，为降低核燃料综合成本做出了贡献。

一般来讲，浸出的铀还不能使用，还要进行一系列的化学处理，最后生成重铀酸铵。重铀酸铵呈黄色，含铀达75%，俗称"黄饼子"。

黄饼子的进一步纯化是用有机溶剂溶解或用离子交换法除去杂质，得到高纯度的铀氧化物。

黄饼子还不能进行同位素的分离，还需要纯化和转换。最终用于同位素分离的产品是六氟化铀。

上分离机前的最后一道工序是转化，转化过程是氧化铀与氢氟酸反应生成四氟化铀，四氟化铀再与氟气反应生成六氟化铀。六氟化铀是同位素分离前的最终产品。六氟化铀在室温下是无色固体。

无论原子弹还是核电站，所使用的核燃料都是铀的同位素铀-235，但是，我们知道，铀-235在天然铀中只占0.7%，其余是铀-238。因此，制备各种用途的核燃料，实现铀的同位素分离是必需的。铀-238和铀-235是同位素，同位素化学性质是相同的。

也就是说，用化学的方法不能分离铀-235和铀-238。分离它们只能利用二者物理性质上的，即用物理的方法来实现。铀同位素分离方法有：离心分离法、气体扩散法、电磁分离法、喷嘴分离法以及激光分离法。离心分离法的原理是，做圆周运动的物体，在相同转速下，质量大的物体所受的离心力比质量小的物体大。当同时被抛出时，质量大的物体比质量小的物体抛得更远。

六氟化铀以气体状态从供气孔进入旋转容器，电机以4万~6万转/分的速度带动旋转容器高速旋转。离心机顶部、底部及中心和边缘保持一定的温差。高速旋转的容器就能够让较轻的分子聚集在中心轴周围。

位于底部的贫化气体通过中心管道从贫化气体出口排出。

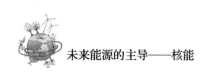

从浓缩气体出口排出的浓缩气体被引向下一级进行进一步浓缩和循环。

一般离心旋转容器底部的温度比较高，轻的气体易于向上扩散。边缘温度高，轻的气体易于向中心扩散。因此，离心机内部需要保持较大的温度差，利用气体热扩散的作用，提高分离比重。离心分离法需要多级分离，但需要的级数较少，大致不到气体扩散级数的 1/10。

但是离心分离法因为需要很高的转速，限制了离心机的重量、尺寸和能力。因此，每一级分离都需要几千台相同的离心机。用离心分离法分离铀同位素所遇到的主要难题是轴承的结构、耐很高离心负荷的材料和离心机平衡等问题。

关于气体扩散法分离同位素铀，我们知道，气体扩散在日常生活中是常见的现象，比如，在室内洒一滴香水，你会立刻闻到香味。闻到气味是分子扩散的结果。而且，分子或者原子的质量不同，扩散的速度也不同。

气体扩散法就是利用铀-235 比铀-238 轻，扩散的速度不同来实现铀的两种同位素分离，早期的铀同位素分离大都采用气体扩散法。六氟化铀在 65℃时升华，即不熔化而蒸发，在室温下是无色固体。

含铀-235 较轻的气体分子会比含铀-238 较重的气体分子更能迅速地通过薄膜。存在这样一个规律：气体通过多孔膜的扩散速率与气体相对分子质量的平方根成反比。当多孔膜的孔径比一个气体分子与其他气体分子发生两次碰撞之间所走过的平均距离小时，就能获得气体扩散的最佳条件。这是基于轻分子比重分子速度快，因而更容易通过膜孔这个情况。

气体加料是连续进行的。当膜孔孔径小于 0.02 微米，六氟化铀维持在 85℃时，扩散通过膜的那部分气体，比加料气体中的铀-235 浓缩 0.02%。膜的下侧压力为一个大气压，而上侧的压力只是它的 1/6。

扩散过程需要重复很多次。一次分离后，铀-235 浓缩得很少，也就是说铀-235 气体分子的浓度提高不多，一般通过一级扩散只提高百分之零点几。为了得到浓度较高的产品，常需要将许多分离级串联起来，这就是所谓的级联。

气体扩散的核心是扩散膜，制造高效率的膜是最大的困难。膜的孔径约为 0.01 微米，每平方厘米内有数百万个这样的超微细孔，用极薄的镍金属板或膜制成。

气体扩散工厂不仅设备庞大，需要的动力也惊人。比如，美国橡树岭浓缩铀工厂有 4384 个分离单元，耗电量几乎与纽约市相当。能够建成浓缩铀的气体扩散工厂，并能正常运转，生产出满足需要的高浓缩铀，是一个国家核工业发展水平的标志。

但是，经过提纯或浓缩的铀还不能直接用作核燃料。还必须经过化学、物理、机械加工等处理后，制成各种不同形状和品质的元件，才能供反应堆作为燃料来使用。一般，铀被制成弹丸状，每颗弹丸重 7 克，不过它能放射出相当于 1 吨煤的能量。

核燃料元件种类繁多，按反应堆来分，可以分为试验堆元件、生产堆元件、动力堆元件（包括核电站用的核燃料组件）。按组分特征来分，可分为金属型、陶瓷型和弥散型。按几何形状来分，有柱状、棒状、环状、板状、条状、球状、棱柱状元件。核燃料元件一般都是由芯体和包壳组成的，由于它长期在强辐射、高温、高流速甚至高压的环境下工作，所以对芯片的综合性能、包壳材料的结构和使用寿命都有很高的要求。总而言之，核燃料元件制造是一种高科技含量的技术。

综合以上的种种因素，我们可以知道，人类要想得到一点儿铀，需要付出多少劳动。而且，铀是国家的战略资源。因此，铀的价格堪比黄金。

八氧化三铀的价格是 65 美元/磅（1 磅约为 454 克）左右，但是，即使有了八氧化三铀，没有提纯铀的技术，也是得不到纯化铀的。

第三节 谁来处理核废料

核电站会产生具有放射性的核废物，也就是核废料。核废料泛指在核燃料生产、加工和核反应堆中用过的不再需要的并具有放射性的废料。核废料的放射性并不能用一般的物理、化学和生物方法进行消除处理，只能通过放射性核素自身的衰变而使其逐渐减少。所以，在核电站中产生的带有放射性的废物会被送往特殊的处理场所。

一、不容小觑——核废料

核废料是很危险的，核废物在相当长的时间里仍然具有放射性。但是还有很多国家不知道如何处置这些核废物。

核废料具有如下特征。

（1）核废料具有射线危害。核废料放出的射线通过物质时，发生电离和激发作用，对生物体会造成辐射损伤。

（2）核废料能够释放热能。核废料中放射性元素通过衰变放出能量，当放射性物质的含量较高时，释放的热能会导致核废料的温度不断升高，甚至能够使溶液自行沸腾，固体自行熔融。

核废料按物理状态可分为固体、液体和气体 3 种，按比活度又可分为高水平（高放射）、中水平（中放射）和低水平（低放射）3 种。

因此，合理处理核废料是必要的。核废料的处理原则是：尽量减少不必要的废料产生并开展回收利用。对已产生的核废料分类收集，分别储存和处理。尽量减少容积以节约运输、储存和处理的费用。以稳定的固化体形式储存，以减少放射性核素迁移扩散。向环境稀释排放时，必须严格遵守有关法规。

此外，在核工业生产和科研过程中，会产生一些放射性的固态、液态和气态的废物，简称为"三废"。在这些废物中，放射性物质的含量虽然很低，危害却很大。

放射性物质比较"顽固"，普通的外界条件（如物理、化学、生物方法）对放射性物质基本上不会起作用，因此，在处理放射性废物的过程中，除了靠放射性物质自身的衰变使其放射性衰减外，就只能采取多级净化、去污、压缩减容、焚烧、固化等措施，将放射性物质从废物中分离出来，使富集放射性物质的废物体积尽量减小，并改变其存在的状态，以达到安全处置核废料的目的。

另外，在放射性核废料的处理方面，进行统一管理和协调，有利于加强技术、经验和事故情报的交流，从而不断提高核电站的安全可靠性。

核电站对待放射性三废处理的态度是很严肃认真的。根据国家法规的要求，核电站的三废处理车间严格遵守与主要生产车间"同时设计，同时施工，同时投产"的原则。核电站三废排放的原则是把排放量减至最少，核废料尽量回收。核电站内固体废物完全不向环境排放，放射性活度较大的液体废物转化成固体废物也不向环境排放。像工作人员淋浴水之类低放射性废水经过处理、过滤后检验合格后向环境排放。气体废物经处理、过滤后和检测合格后可以向高层排放。

核电站的废物排放受到国家的严格控制和监督，实际排放量往往远远低于标准规定的允许值。

二、放射性废料形态

放射性废料呈气体、液体、固体三种物理形态，有各自不同的来源。

放射性固体废物主要来自核电站中废液、废气处理系统，它们包括：各种离子交换器的废弃树脂，过滤器失效滤芯，蒸发分离得到的浓缩液，被污染的废零部件和工具，现场使用后的被污染的手套、工作服、塑料制品、废纸、废布等防护用品和杂物。

所有这些固体废物必须在生物防护条件下被送往固体废物处理系统处置储存。

放射性废液可划分为两大类别。

第一类是可复用的一回路排水。这种可复用的一回路排水是指压水堆瞬态工况时，从一回路排出的、含氚的、未暴露在空气中的、带放射性的一回路冷却剂水。这种瞬态工况为 RCP（反应堆冷却剂）系统冷却剂温度升高，体积膨胀。

另外，这类排水还来自 RCP 系统卸压箱冲洗、排空，压力壳或主泵密封泄漏等。这种可复用的一回路排水将被送往硼回收系统（TEP）进行处理后返回 RCP 系统再利用。

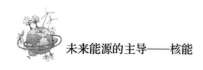

第二类是不可复用的废液。不可复用的废液来源于不可复用的工艺排水、地面排水、化学废液和公用废水。

工艺排水是指含氚并已暴露在空气中的放射性疏排水。如来自废气处理系统（TEG）的排水，TEP系统一回路排水储存水箱水位过高溢出的水，所有运载一回路水的系统设备（RCV、RRA、RIS、PTR）的排水，以及对一回路取样的排水。这部分水被送往废液处理系统（TEU）处理后排放。

地面排水是指从地面收集的不带放射性的，或略被放射性污染的水，在监测后或直接排放，或送往废液处理系统处理后排放。

化学废液是指受化学污染的水，来自辅助系统设备的去污水、热试验室及取样。这部分水在监测后或直接排放，或过滤后排放，或送往TEU系统处理后排放。

公用废水是来自淋浴水、洗涤水和使用去污剂的去污水，带有较弱的放射性，可在监测后直接排放或经TEU系统处理后排放。

放射性废气划分为两个类别。

第一类是含氢废气，是指一回路冷却剂容器或一回路排水储存箱等设备的排气和扫气。主要来自TEP系统中的脱气塔，RCV系统中的容积控制箱，RCP系统的卸压箱和TEP系统的前置储存箱等。这部分气体将被送往废气处理系统处理后排放。

第二类是不含氢废气，或称含氧气体，是指来自在空气环境中的储存容器的排气。

系统容积控制箱为进入氢压状态而进行氮清扫前的空气环境排气。这部分废气如和一回路冷却剂相关，则有可能被放射性气体意外污染。这些废气在监测之后，被直接送往烟囱向大气排放。

出堆的乏燃料组件的处理是在核电站外进行的。核电站仅对其进行暂存，最终将从乏燃料储存水池中取出运往乏燃料处理厂。因此，乏燃料组件将不作为固体放射性废物在核电站放射性废物处理系统中对其进行处理。

三、地质处置法

通过上文可以知道，核电站高放射性核废料主要包括核燃料在发电后产生的乏燃料及其处理物。世界各国几十年来对高放射性核废料处理技术进行了广泛的研究，经过对各种方法评估比较后人们发现，深地质处置法成为最佳选择，也就是将高放射性核废料保存在地下几百米深处的特殊处置库内。

为避免对当地环境造成不良影响，高放射性核废料必须经过严格的处理过程。这些核废料首先要被制成玻璃化的固体，然后被装入可屏蔽辐射的金属罐中，最后将这些金属罐放入位于地下500~1000米的处置库内。

核废料的半衰期从数万年到10万年不等，在选择处置库时必须确保其地质条件能够保障处置库至少能在10万年内是安全的。

我国对中低放射性核废料的处理，按国家标准和国际原子能机构的要求处理，不论是固体核废料还是液体核废料，都要进行固化处理，然后装在200升的不锈钢桶里，放在浅地层的处置库里。

小资料：乏燃料不是核废料

核电站发电是通过核燃料在核反应堆中发生裂变反应放出能量，和火力发电站要不断加煤一样，当核燃料维持不了一定的功率的时候也需要更换，这些被换下来的核燃料组件就叫作乏燃料。通俗地说，乏燃料类似于火力发电站中的"煤渣"，但是它又绝对不是煤渣，而是大宝贝，因为在当时世界的核电技术下核燃料都只燃烧了3%到4%，就维持不了额定功率了，而这些核燃料在燃烧过程中还会产生新的核燃料。

这个时候就需要把核燃料进行后处理，也就是通过一系列的化学过程，把核电站没有燃烧完的核燃料和新产生的核燃料提取出来，再把这个燃料制成核电站发电所需要的燃料元件。循环利用的原理听起来简单操作却异常艰难，如何对这些有极强核辐射对人体有致命伤害的元器件进行剪切、分离、提取、提纯等，每一步都是难题。

第五章　中国核能创业史

　　中国的核能发展，可以说是在列强的威胁下急迫起步的。新中国成立后，美国和苏联这两个最大的核武国家曾多次给予中国核威胁，在朝鲜战争、台海危机、试爆核武器、珍宝岛冲突等一系列重大历史关头，中国的上空经常战云密布，多次承受着遭受原子弹打击的风险。

　　为了打破列强的核威胁，在毛泽东主席带领下，集聚国家科学领域的精英们，揭开了中国核能研究的帷幕。经过积极、勤奋的努力，中国最终研制出了属于自己的核武器。自此，中国拥有了影响世界军事平衡的举足轻重的核力量。

第一节　在核威胁下起步

中国的"核武器"道路，是在美国和苏联这两个最大的拥有核武器国家的多次威胁下开始起步的。

为了回击那些倚仗核武器对其他国家、族群进行威逼胁迫的国家，新中国成立后，我国的科学家们经过辛勤的努力，在很短时间内便研制出了制约拥核国家嚣张气焰的原子弹。

一、朝鲜战场核威慑

1945 年 8 月 6 日和 9 日，在第二次世界大战结束的前夕，美国空军在日本的广岛和长崎接连投掷了两枚原子弹。这场人类有史以来的巨大灾难，造成了 10 余万日本平民死亡和 8 万多人受伤。

原子弹的空前杀伤和破坏威力，震惊了世界，也使人们对利用原子核的裂变或聚变的巨大爆炸力而制造的新式武器有了新的认识。

1950 年 11 月 30 日，正当中国人民志愿军把美帝国主义打得节节败退之际，美国总统杜鲁门在华盛顿的一次记者招待会上发

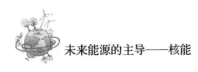
表了美国"正积极考虑"在朝鲜战场使用原子弹的言论，引起轩然大波。

美国人甚至威胁说："只有使用原子弹"，才能将中国军队困在朝鲜！

然而，没有被核讹诈吓倒的中国人民毫不畏惧。面对一个不怕核威胁的国家，威胁不起作用，即使真的使用核武器也难讨到什么便宜。和这样的对手打交道，美国当局机关算尽，依然是一筹莫展。

1951年6月末，随着战场局势的进展，美国人不得不坐到谈判桌前，开始与中朝方面进行停战谈判。

1952年，刚刚入主白宫的艾森豪威尔说："为了结束战争而扩大，它（原子弹）可能是必要的。"

面对艾森豪威尔赤裸裸的威胁，中国领导人认为，"在这种情况下，中国方面不能做出任何让步，因为任何让步都会被对方理解成懦弱的表现"。此后，中国人民志愿军发动了一场修筑前线工事的运动，其中包括"前线战场的工事，反原子屏障，挖防空洞"。

1953年，7月27日，《朝鲜停战协定》正式签署，美国最终放弃了核打击计划。

1953年7月，朝鲜战争结束。中国在饱受原子弹威胁之后，切切实实地感受到没有核武器受人欺侮的滋味，发展自己的核武器，摆在了中国领导人的面前。

二、台海危机

新中国建立以后，美国为保护自己的既得利益，对新成立的中国横加干涉，阻挠统一台湾。积极准备对中国大陆实施核打击，甚至赤裸裸地炫耀核"实力"，引起了世界上许多国家的不安，连美国的同盟国也对此举纷纷提出异议。

但是中国人民不怕美国的威胁，毛泽东主席说：美国那点原子弹，消灭不了中国人。1955年4月，美国被迫放弃对中国大陆实行核打击的打算。

在台海危机爆发初期，周恩来总理多次宣布，解决目前僵局的最直接、最简单的办法，就是中美直接谈判。因为中国需要一个和平的国际环境，对外关系开始推行和平共处五项原则。

在强大的国际压力下，手中握有核武器的艾森豪威尔不得不对周恩来总理的建议做出积极响应。虽然在后来的台海危机中，美国数次动了使用原子弹的念头，但是，迫于中国人民的正义和世界人民的压力，美国的原子弹真的应了毛主席那句话："一切反动派都是纸老虎"。美国最终没有使用原子弹，这是世界人民正义斗争的胜利。

三、未出手的一着棋

1954年越南战争期间，法军在越南的奠边府面临灾难性的失败。当时，出于地缘政治的考虑再加上社会制度的因素，中国

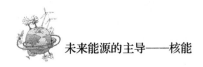

是越南民主共和国最主要的支持国和援助国。

鉴于局势严峻，美国、英国、法国、澳大利亚和新西兰等国军事领导人在华盛顿举行了一次会议，这次会议决定："如果由于中共入侵东南亚而突然爆发对华战争，我们将立即对军事目标发动空袭。为了取得最大限度和持久的效果，从战争一开始就立即使用常规武器，也使用核武器。"

四、来自同一阵营的核威胁

中国核武器的快速发展，也使同是社会主义阵营的"老大哥"苏联感到"震惊"。20 世纪 60 年代中期以后，苏联开始在中苏边界不断加强军事力量，并企图赶在中国的核武器还没有发展强大之前就对中国的核事业进行打击。

1969 年，苏联几次向美国提议，联合对中国进行核打击。但是美国出于对自己在欧洲、中东等地的既得利益的保护，没有答应。

五、勒紧裤腰带研制原子弹

迫于国际形势的不利，中国领导人认识到没有原子弹，始终无法和其他核大国平起平坐。于是下定决心搞出中国自己的原子弹。我国的原子弹正式开始研制是 1959 年下半年，这个时期正是我国经济困难时期，粮食、副食品严重短缺。核武器研究院的广大科技人员，同样也是度过了忍饥挨饿、身体浮肿的艰苦岁月。

但是，我国的第一颗原子弹研制工作却出现了奇迹，科研人员热火朝天，没有灰心丧气的，没有消极沉闷的，整个核武器研究院的人员，像蒸汽机车一样，加上点煤、水，就会用尽全力向前奔驰。

从资料上对当时情况的描述，我们可以窥见一斑：科研人员每天就餐后走出食堂都说还没吃饱，但一回到研究室立刻开展工作，两个多小时后，肚子提出抗议了，有的人拿酱油冲一杯汤，有的人挖一勺黄色古巴糖，冲一杯糖水，还有的人拿出伊拉克蜜枣，含到嘴里。"加餐后"立刻又埋头科研工作，就这样坚持到下班，在这里大家曾经有自我鼓励和互相鼓励，喝一杯酱油汤或糖水，应坚持工作 1 小时以上，吃一粒伊拉克蜜枣，应坚持工作一个半小时以上。

我国的"两弹"元勋邓稼先，当时是核武器研究所理论部主任，他的岳父时任全国人大常委会副委员长许德珩有时支援他一点儿粮票，他拿这点儿粮票，作为奖励，谁的理论计算又快又好，他奖励谁几两粮票。在当时从事国家尖端技术的人员，能得到几两粮票，是一种最高奖赏，对比今天的人们是无法理解的。但是，得不到粮票的还有不少人，不时对他说："老邓，我们饿……"邓稼先外出想办法买了几包饼干，每人分上两块。

远在新疆罗布泊核试验基地，几十万大军在那里从事科研工作和基建工程，那里大戈壁的客观条件本身就很艰苦了，在三年国家经济最困难的时候，曾出现过断炊的现象，这更是雪上加霜，罗布泊本来植物就很稀少，可以吃的如榆树叶子沙枣树子，甚至骆驼草，几乎都被他们拿来充饥了。

曾经有过如此困难、如此忍饥挨饿的科研人员把原子弹搞

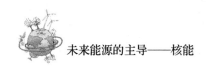

出来，有了他们艰苦奋斗的闪光精神，才有我们今天的强大中国。这难道不是奇迹吗？他们发自肺腑的奉献之歌，将会世代流传下去。

让我们记住那个年代，因为生活曾是那样艰辛，那样忍耐，那样奉献，那样悲壮。那段难忘的人生历程，让我们实现了强国之梦。

六、研制氢弹的岁月

早在 1964 年 5 月，毛泽东主席在听取有关部门的第三个五年计划时就曾明确指出："原子弹要有，氢弹也要快。"但是氢弹的研制，在理论和制造技术上比原子弹更为复杂。在当时的国际环境下，各国对氢弹的技术严加保密。例如，曾有一个美国记者在一个科普杂志上发表了一篇文章，提到了一点关于氢弹的问题，结果那个记者受到了美国当局的审查，因为美国当局认为他泄露了氢弹的秘密。实际上，那个记者的文章所引用的资料全部来自公开出版物。

一位专家曾说，不能否认中国第一颗原子弹的研制曾借鉴了苏联的一些东西，但是氢弹的研制则完全是依靠自力更生，从头摸索。

有一次，他们得到一个国外的参数，认为这个参数非常重要，但又怀疑这个数字怎么出来的，因此需要通过试验来验证。有个科学家为这件事情想了好几天，终于在梦中突然来了灵感，获得了突破。

当时计算器要用计算带打出计算结果，非常烦琐，而且计算带都是一摞一摞的，要用麻袋装。科研人员大量的时间用来仔细查看每一条纸带，因为每一个计算器打的孔都不能破裂，一旦破裂就可能导致丢失正确的数据。

头顶青天，脚踏草原，战胜了饥饿，保存了队伍。住在窑洞里，吃青稞粉、谷子面，一个月两钱油，几乎没有任何副食品，能吃到的就是白菜汤。吃不饱就去挖野菜。那时虽然艰苦，但是科研人员乐观向上，爱国热情极高，为了打破核大国的威胁，科研人员们付出了自己全部的青春和热血。

就是在这样的环境下，中国人走完了从原子弹到氢弹的全程。

在那样极端艰苦的条件下，三年的时间里，中国顺利地爆破了原子弹和氢弹，不仅解除了来自核大国的核威胁，还使中国的国际地位得到了迅速提高，没有任何国家再敢于任意欺凌中国，核弹的爆破，给中华民族伟大的复兴事业带来了新的生机。

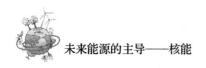

第二节　到祖国最需要的地方去

国家初建，百废待兴。当时的工作环境很艰苦，何况研究核技术需要良好的保密工作，远离城市和人群。所以，参与核技术研究就要牺牲自己相对优越的生活和工作条件，深入千里不见人烟的茫茫戈壁滩，战风斗雪，忍饥挨饿。但是，为了中华民族能够挺起巨人的脊梁，众多的热血青年响应党的号召，在做好保密工作的前提下，毅然投身祖国的核技术研究事业。到祖国最需要的地方去，是那一代热血青年的伟大志向。

核技术的研究需要很专业很尖端的人才，听到祖国的召唤，很多身在海外的学子抛弃自己在国外获得的良好的工作机会和光明的前程，毅然回到了祖国的怀抱，因为处在核威胁阴影下的中国，需要自己的优秀儿女全力以赴地发展科研事业。对于祖国的深情，化作了优秀的中华儿女义不容辞的责任。

一、不忘故土——钱三强

钱三强是我国卓越的原子能科学家，在核物理研究方面获得许多重要成果，在我国原子能事业中，做出了杰出的贡献，并培养了大批的优秀人才。

听到祖国的召唤，身在海外的钱三强归心似箭。虽然钱三强获得了法国最高奖项和科学家的身份，有优越的工作和生活条件，但是，钱三强坚决要回到祖国最需要自己的地方去。

钱三强的导师是约里奥-居里，他把自己要回国的打算告诉了导师。约里奥-居里满意地说："要是我，也会做出这样的决定。"钱三强又去向约里奥-居里的夫人话别。约里奥-居里夫人语重心长地对钱三强说："我俩经常讲，要为科学服务，科学要为人民服务，希望你把这两句话带回去吧！"

钱三强，1913年10月16日生于浙江，原名叫钱秉穹。他父亲留学日本早稻田大学，回国后任大学教授和《新青年》的编辑。他牢记父亲的教导："……学了知识技能就要去改造社会。"

他6岁入孔德学校读书，孔德学校是一所开明的新式学校。学校除抓德、智、体外，还强调美育与劳动，对音乐、图画、劳作课也很重视。而且孔德学校师资力量较强、阵容整齐，老师们的水平足以胜任高中教学工作。可以说，钱三强童年时代得到的教育条件，是得天独厚的。

钱三强在这样的环境中接受教育，通过自己的努力，逐渐成为一个兴趣广泛的学生，对音乐、体育、美术，钱三强都擅长。刚进初中，年方13岁，就成了班上"山猫"篮球队的队员，在比赛中，他的拼搏精神和集体意识得到了同学们的一致好评。

一次，一个体质不如钱三强的比较瘦弱的同学给钱三强写信，信中自称"大弱"，而称当时还叫"秉穹"的他为"三强"。这封孩子们之间互称绰号的调皮信，恰巧被秉穹的父亲钱玄同看见了。

"你的同学为什么叫你'三强'呀？"钱玄同风趣地问道。

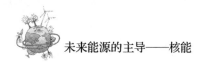

"他叫我'三强'，是因为我排行老三，喜欢运动，身体强壮，故就称我为'三强'。"秉穹认真地回答了父亲的询问。

钱玄同先生一听，连声叫好。他说："我看这个名字起得好，但不能光是身体强壮，'三强'还可以解释为立志争取德、智、体都进步。"

在父亲钱玄同的肯定下，从此以后，"钱秉穹"就正式改名为"钱三强"了。

钱三强远渡重洋赴法时，正赶上严济慈参加国际会议，他委托约里奥-居里夫妇亲自指导钱三强写博士论文。

钱三强在实验室埋头工作，甚至通宵达旦进行实验，协助伊丽娜·居里进行云雾室拍照，验证裂变现象。

1946年，钱三强与爱人何泽慧参加了第一届国际基本粒子和低温物理会议，得到了启示。回到巴黎，在约里奥-居里指导和支持下，进行研究，发现了铀三分裂和四分裂现象，并提出了合理的解释，得到世界的公认。

钱三强夫妇在居里实验室得到了很好的学习和研究条件，取得了成果，但他们决心回国。导师约里奥-居里虽然很惋惜，但支持他们："祖国是母亲，应当为她的强盛而效力。"并写了亲笔信，赞扬钱三强。

1948年6月钱三强回国刚到上海，行李就被海关扣留了，国民党政府软硬兼施，要让钱三强到南京中央研究院任物理研究所所长，这对35岁的年轻人来说，是一个很难得的位置。

但是钱三强选择了北平，借口是老母11年未见了。不久，南京政府又派飞机来接他，他又以母亲住院为由拒绝了。新中国成立后，他走上了科学机关的领导岗位，担任近代物理所所长等职务。

1955 年 1 月 15 日在中南海，中央领导听取了钱三强关于发展原子事业问题的汇报。他用所带的简单的核探测器向与会者作了表演。中央决定发展原子能事业，不久钱三强被任命为核工业部副部长，原子能研究所所长。他先后推荐了王淦昌、彭桓武、郭永怀、朱光亚、邓稼先、周光召等人走上了"秘密历程"，研制原子弹，并为中国核事业做出了贡献。

晚年的钱三强身体日衰，仍担任了中国科学技术协会副主席、中国物理学会理事长、中国核学会名誉理事长等职务。他一直关心中国核事业的发展，强调不仅要服务于军用还要供民用。1992 年 6 月 28 日，他因病去世，终年 79 岁。国庆 50 周年前夕，中共中央、国务院、中央军委向钱三强追授了由 515 克纯金铸成的"两弹一星功勋奖章"，表彰了这位科学泰斗的巨大贡献。

二、以身许国——王淦昌

王淦昌，1907 年 5 月 28 日出生于江苏省常熟县支塘镇枫塘湾，核物理学家，中国惯性约束核聚变研究的奠基者，参与中国核武器研制的主要科学技术领导人之一，被中国政府授予"两弹一星功勋奖章"。1998 年 12 月 10 日，王淦昌在北京去世，享年 91 岁。

王淦昌是我国著名的原子核物理学家，他于 1941 年提出验证"中微子"存在的方案，他是世界上第一个证明"中微子"存在的人。王淦昌还发现了"反西格玛超子"，还与苏联一专家独立提出"激光惯性的束核聚变"。王淦昌对中国原子弹研制及核电站的建立都做出了重大贡献。

王淦昌 4 岁时父亲就去世了，他的成长历程非常坎坷。母亲为全家操劳，过度疲劳，得了肺病，于王淦昌 13 岁时病故。后来由他外公的哥哥接济他。当时，为了吃一块广东小月饼，不知流了多少口水。没有钱，读书是很不容易的。所以他学习非常努力，有自强精神。他很机敏，对实验有兴趣，在清华大学读书时得到物理教授的关心，并获得出国深造机会，回国后成了年轻的教授。

在抗日战争艰苦岁月中，他把结婚时的金银首饰捐献给了国家，家庭生活困难，孩子体弱有病，有人劝他去做点小生意，以改善一下贫困的生活。王淦昌为了教好学生、培养人才，每天孜孜不倦工作到深夜，毅然拒绝去做小生意的劝告。由妻子和孩子养了一只小山羊，挤点奶，给瘦弱多病的孩子喝，就在这样的艰苦条件下，他培养出不少学生，都在科学领域做出重要的贡献。

1961 年 3 月的一天，回国不久的王淦昌，精神抖擞，健步登上二机部（中国核工业总公司的前身）大楼，在二楼的部长办公室里，刘杰、钱三强正在等着他。刘杰部长向他转达了党中央的决定，要求他 3 天之内到核武器研究所报到。这个决定对王淦昌来说，就是要他从熟悉的并且已经取得重要成果的基础研究工作，改做他不熟悉的应用性工作。他脑子里一下就联想到 20 世纪 40 年代初期，国际上有一批物理学家，突然"失踪"了……他，没有多想，没有犹豫，随即愉快地表示："以身许国。"

汽车离开了二机部大楼。王淦昌陷入了沉思："3 天？"他想起了刚才刘杰同志向他转达的周总理的口信：这是政治任务。我们刚起步的国防尖端事业，需要尖端人才，需要第一流的科学家！我们的祖国，需要更加强大。是啊，自己一生所追求的，并且为之奋斗了几十年的，不就是祖国的强盛吗？他深深地感到，党和国家对自己是多么信任，寄托着多大的期望啊！第二天，他就到核武器研究所上班了。从此，他隐姓埋名，默默地为这神圣的事业奋斗了 16 年。

王淦昌负责物理实验方面的领导工作。开始，爆轰物理实验是在离北京不太远的长城脚下进行的。当时，核武器研究所没有试验场地，是借用解放军的靶场。王淦昌和郭永怀来到了靶场，走遍了靶场的每一个角落，和科技人员一起搅拌炸药，指导设计实验元件，指挥安装测试电缆、插雷管，直到最后参加实验。一阵阵"轰轰"的爆破声，震撼着古老的长城，一年中，他们做了上千个实验元件的爆轰实验。到 1962 年年底，基本上掌握了获得内爆的重要手段和实验技术。

1978 年，已是 70 岁的王淦昌仍然非常关心核电站的发展，由王淦昌等五人署名写给邓小平的信，对核电的发展起到推动作用。

1979 年，王淦昌率我国第一个核能考察代表团访问美国和加拿大。他发表文章说："从长远看，核能必然成为能源的主要来源，我们一定要把核电站建设起来，让原子能造福于人民。"

粉碎"四人帮"之后，王淦昌兼了 10 多个职务，经常出去开会，但是，他的主要阵地，还是在原子能研究所。他亲自抓一个研究组，后来发展成为一个研究室，进行惯性约束核聚变的研究。

1980 年，中央领导要听"科学技术知识"讲座，第二讲是《从能源科学技术看能源危机的出路》，本来是安排其他人讲。王淦昌认为，讲能源不能不讲核能，主动要求去讲，核工业部推荐王淦昌去讲。

王淦昌做了充分准备，反复修改讲稿，仔细地审查每一个幻灯片，并讲解核电站可以建在大城市附近，针对美国三里岛核事故，讲解核电站安全与经济性。这次讲课题目是"核能——当代重要能源之一"。他为135位部级以上领导干部讲了核电站有关知识。

王淦昌在其他会议上，也不失时机地宣讲发展核电站。关于发展核电站引进外国技术问题，他认为，搞核电站与搞原子弹不一样，适当引进国外先进技术是更加有效的方法。

1982年，他把核工业部副部长的职务辞掉了，过了一段时间，他又把原子能研究所所长的职务辞掉了，接着，把核物理学会理事长的职务也辞掉了。他说："别人可以担任的工作，何必自己一直担任下去呢？"但是有一项工作他是不会辞掉的，就是科研，就是惯性约束核聚变。

1983年，王淦昌在论证我国核电发展方针的会议上说："我们不能用钱从国外买来一个现代化，而必须通过自己的艰苦奋斗，才能创造出现代化。"

王淦昌后来担任核工业部副部长，1986年，已经79岁高龄的他，仍到秦山核电站施工现场检查工作。王淦昌以自己实际的行动，实践了自己的诺言——以身许国。

三、永载史册——邓稼先

邓稼先，1924年6月25日出生于安徽怀宁县白麟坂农村。这是清代第一有名的篆刻书法家邓石如的故乡，一面临河，三面环山，是"四灵山水间"的好地方。

在中国核工业发展史上，邓稼先功勋卓著。但是邓稼先的名字在很长时间鲜为人知，而他的贡献却永载史册。他干干净净地走完了一生，他将自己整个身心奉献给自己的事业，他建立了丰功伟绩，我国研制成功原子弹和氢弹，有他一份不可磨灭的功劳。他四次获国家级科学技术进步特等奖，但他却因癌症过早地去世了。

邓稼先的父亲学成归国在清华大学当教授，他 8 个月就被抱到北平。上学后，他爱淘气，喜欢活动，但不耍滑，和同学在一起有种傻乎乎的诚恳态度。他有许多好朋友，有的还给他起个既有贬义又有友情的外号："二百五"。但邓稼先并不傻，读书用功，成绩总是名列前茅。

全家迁往北平以后，邓稼先父亲邓以蛰任清华大学及北京大学文学院教授，与杨振宁父亲杨武之是多年之交。两家祖籍都是安徽，在清华园里又成为邻居。邓稼先和杨振宁从小结下了深厚友情，后来，二人先后进了北平崇德中学。

欢乐的少年时光并不长久，邓稼先生活在国难深重的年代，七·七事变以后，端着长枪和刺刀的日本侵略军进入了北平城。不久北大和清华都撤向南方，校园里空荡荡的。邓稼先的父亲身患肺病，咯血不止，全家滞留下来。七·七事变以后的 10 个月间，日寇铁蹄踩踏了从北到南的大片国土。亡国恨，民族仇，都结在邓稼先心头。

邓稼先进入了西南联合大学——西南联大成立于抗战极端困难时期，由清华大学、北京大学、南开大学三校合并而成，条件简陋，生活清苦。尽管如此，联大却有非常良好的学术风气，先后培养出了不少优秀人才，邓稼先受业于王竹溪、郑华炽等著名教授，以良好的成绩圆满完成了大学四年的学业。

抗日战争胜利时，他拿到了毕业证书，在昆明参加了中国共产党的外围组织"民青"，投身于争取民主、反对国民党独裁统

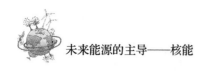
治的斗争。翌年，他回到北平，受聘担任了北京大学物理系助教，并在学生运动中担任了北京大学教职工联合会主席。

抱着学更多的本领以建设新中国之志，他于 1947 年通过了赴美研究生考试，于翌年秋进入美国印第安纳州的普渡大学研究生院——由于他学习成绩突出，不足两年便修满学分，并通过博士论文答辩。此时他只有 26 岁，人称"娃娃博士"。

取得学位刚 9 天，这位"娃娃博士"便毅然放弃了在美国优越的生活和工作条件，回到了一穷二白的祖国，回国后，邓稼先在中国科学院近代物理研究所任助理研究员，1958 年 8 月奉命带领几个大学毕业生从事原子核理论研究。

1958 年 8 月调到新筹建的核武器研究所任理论部主任，负责领导核武器的理论设计，随后任研究所副所长、所长，核工业部第九研究设计院副院长、院长，核工业部科技委副主任，国防科工委科技委副主任。

在北京外事部门的招待会上，有人问他带了什么回来。他说："带了几双眼下中国还不能生产的尼龙袜子送给父亲，还带了一脑袋关于原子核的知识。"此后的 8 年间，他进行了中国原子核理论的研究。

为了原子弹的理论设计，他的性格变了，过去，他常常流溢出自己的个性，有人说："邓稼先特别爱看热闹，是一个狗打架都要看上两眼的人。"在留美同学中，大家给他送了一个"大小孩"的绰号。

现在，重担完全落在他肩上了，他说话少了，沉思多了，为了保密，更要少说些。他要领导同事拿出总体设计方案。他们只有公开出版的基本原理的书。至于有实际意义的资料数据是一点也没有，制造原子弹是太保密了，美国科学家卢森堡夫妇，因泄漏一点儿关于制造原子弹的信息，被处以极刑。连制造美国原子弹的总设计师奥本海默都受到怀疑并接受"审讯"。

邓稼先把人分成三个组：中子物理、流体力学和高温高压下的物质性质，进行主攻。经过两年多努力，他们用中国式计算机模拟了原子弹爆炸的全过程。他们只有一些手摇计算器、电动计算器，外加一些算盘。后来也只装上了每秒运算几百次的乌拉尔电子计算机。他们先后共做了 9 次计算，用了 9 个月时间。

因为每算一遍要算几万个网点，每个网点要解五六个方程，计算的纸带从地面堆到了房顶。

由于无数人的艰苦卓绝的工作，我国于 1964 年 10 月 16 日成功地爆炸了第一颗原子弹。仅此一项贡献，邓稼先就可称得起中国人民的特大功臣，但他在此之后，又组织了几十次核爆炸试验。他在我们研制氢弹，新型氢弹和第二代核武器中，同样做出了不可磨灭的贡献。

中国能在那样短的时间和那样差的基础上研制成"两弹一星"（原子弹、氢弹和卫星），西方人总感到不可思议。杨振宁来华探亲返程之前，故意问还不暴露工作性质的邓稼先说："在美国听人说，中国的原子弹是一个美国人帮助研制的。这是真的吗?"

当时这个问题是不能够直接回答的。邓稼先请示了周恩来后，写信告诉他："无论是原子弹，还是氢弹，都是中国人自己研制的。"杨振宁看后激动得流出了泪水。正是由于中国有了这样一批勇于奉献的知识分子，才挺起了坚强的民族脊梁。

但他不幸却患了癌症，两次手术也没有挽救他的生命，他死时的遗言是：死而无憾。

他的挚友杨振宁在参观完邓稼先事迹展览之后，走到卫生间，泪流满面，为他的挚友事迹所感动。杨振宁说："是的，如果稼先再次选择他的途径的话，他仍会走他已走过的道路。这是他的性格与品质。能这样估价自己一生的人不多，我们应为稼先庆幸！"

正如在邓稼先追悼会上，张爱萍将军对他的评价："……他对祖国的贡献，将永载史册。"

第三节 核技术，科学兴国之路

我国核工业经过 30 多年的努力，一直以"又快又好"的姿态向前迈进。中国核电通过自主开发、学习和引进国外先进技术，不断提高水平，积累经验，走过了从自主开发原型堆核电站到自主设计建造商用核电站的道路。

在自主设计、自主建造、工程管理、自主运营、自主制造、核燃料配套，以及核安全监督管理等方面，我国核工业已打下了较牢固的技术基础，形成了进一步发展的能力，培养出了一支经过实践考验的专业齐全的科学技术队伍。

一、坚持发展核能

大量发展燃煤电站给煤炭生产、交通运输和环境保护带来了巨大压力。随着经济发展对电力需求的不断增长，大量燃煤发电对环境的影响越来越大，全国的大气状况不容乐观。电力工业减排污染物、改善环境质量的任务十分艰巨。

核电是一种技术成熟的清洁能源。以核电替代部分煤电，不但可以减少煤炭的开采、运输和燃烧总量，而且是电力工业减排

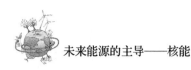

污染物的有效途径，也是减缓地球温室效应的重要措施。

核能产生的巨大能量可以给人类造成巨大灾难，例如原子弹和氢弹就是如此。但是利用核能发电，则可以为人类造福。

核能是一种安全、清洁、可靠的能源，这点已经得到了实践的证明。我国人均能源资源占有率较低，分布也不均匀，为保证我国能源的长期稳定供应，核能将成为必不可少的替代能源。发展核电可改善我国的能源供应结构，有利于保障国家能源安全和经济安全。我国一次能源以煤炭为主，长期以来，煤电发电量占总发电量的80%以上。

我国是世界上少数几个能够进行核资源的勘探、开采和加工，铀-235的富集、燃料元件的制造，重水和锆等特殊材料的生产，反应堆的设计、建造和运行，以及辐照过的燃料元件的后处理的国家之一。我国具有较完善的核工业体系。与核能利用密切相关的机械制造工业和电力工业在我国也有一定的基础。

中国大陆的核电从 20 世纪 80 年代初开始起步，从无到有，目前已经初步形成了一定规模的核电工业基础，取得了很大成绩。

二、"728"指示

有人说，能源是社会经济发展的推动力。这是一个极为形象的比喻。我国的能源短缺十分严重。我们需要发展水电、火电和核电，以加速电力工业的发展。

1970 年 2 月 8 日，周恩来总理指示：二机部不能光是爆炸部，要和平利用核能，建设核电站。这便是著名的 "728" 指示。

1974 年 3 月 13 日，周总理抱病主持召开中央核电站专门会议，听取秦山核电站的原理设计汇报。这是周总理最后一次主持核电站专门会议。会议批准了"压水堆"方案。周总理特别强调核电站的安全："第一是安全"。因为核电站最大的问题是安全运行问题。

秦山核电站是我国的第一座核电站，它濒临东海杭州湾，并且邻近上海、杭州等大城市。在起初的规划中，秦山核电站一期仅具有试验性质，它采用了当时国际上成熟的压水型反应堆技术，建设单台 30 万千瓦发电机组，秦山核电站由中国自主承担整个电站的设计、建造、设备提供和运营管理工作。一期工程由中国核工业部主导推进，于 1991 年 12 月首次实现并网发电，成为当时中国大陆投产的唯一一套核电机组。秦山核电站的机组在测试运行了两年之后，正式投入了商业运营，为电网供应核电。

不久之后，秦山核电站又先后开工建设了二期工程和三期工程，并引进了国外先进的技术力量，加上国内地方政府的资本参与。二期工程依然由中国自主承担设计、建造和运营任务，采用的是压水型反应堆技术，安装了 4 台 60 万千瓦发电机组，1、2 号机组分别于 2002 年、2004 年年初并网发电，3、4 号机组分别于 2010 年、2011 年年底并网发电。三期工程由中国和加拿大合作，采用加拿大提供的重水型反应堆技术，建设了两台 70 万千瓦发电机组，目前秦山核电站的总装机容量为 410 万千瓦，是目前中国大型的核电基地。

在秦山核电站所在的浙江省，目前有两座可为核电站安全稳定运行提供配套的抽水蓄能电站——天荒坪抽水蓄能电站和桐柏抽水蓄能电站。其中，天荒坪抽水蓄能电站位于浙江省安吉县，

安装了 6 台 30 万千瓦发电机组，总装机容量 180 万千瓦。而桐柏抽水蓄能电站位于浙江省天台县，安装了 4 台 30 万千瓦发电机组，总装机容量 120 万千瓦。

说到安全问题，秦山核电站周围的居民已经和核电站"和平共处"十几年了。他们安居乐业，没有核恐惧感。这是因为秦山核电站的安全措施和制度比较到位。

秦山核电站建有四道安全屏障：

第一道屏障，把核燃料做成陶瓷状的二氧化铀小块，可保留 98%以上的放射裂变物质。

第二道屏障，将二氧化铀的燃料芯块密封在高强度的锆合金制成的套筒里。

第三道屏障，反应堆内的高温高压水容器与密封的一回路（反应堆的冷却系统），以及二回路（反应堆的蒸汽系统）完全隔离。

反应堆产生热能，是由一回路冷却剂带出来的，一回路系统被称为"核岛"。二回路是由蒸汽驱动汽轮发电机组进行发电的回路系统，又称为"常规岛"。

这样的隔离，不论正常运行还是燃料芯块的锆筒破裂，放射性都不会从二回路跑出来，保证了安全。

第四道屏障，用一米厚的钢筋水泥和 6 厘米厚的钢板衬里制成安全壳。它就是密封的厂房，没窗户，门的密封性也很好。这个 60 米多高的安全壳是由上千根钢束构造的。

为了万无一失，核电站还有应急堆芯冷却系统、安全喷淋系统、安全壳的空气净化与冷却系统、应急柴油机发电系统等。这些系统都可以在核电站出现险情的时候及时投入使用。

安全是第一位的。后来的 1979 年三里岛核电站事故，1986

年切尔诺贝利核电站事故都说明了这一点。安全问题是容不得半点懈怠的。

三、摆脱经济和社会的制约

众所周知，能源直接制约经济和社会的发展。当今世界能源已进入核能时代。核能不但是一种技术上最成熟、安全、经济和清洁的新能源，而且是一种最有潜力和发展前途的新能源。

在当今世界能源日益紧缺的形势下，核电站尽管发生过事故，但是世界各国仍坚持认为，开发利用核能是解决能源紧缺问题的必由之路，对于经济发展和社会进步具有重要的战略意义。

因此，世界核电站建设仍然在持续、稳定地向前发展。全世界有 30 个左右的国家和地区已建或正在建设核电站。其中，美国、苏联、法国、日本、英国和德国已成为核电大国。从各国国情出发，积极发展核电站建设，已成为世界能源开发利用的一个不可逆转的趋势。

我国核工业建设在 20 世纪 50 年代起步。1970 年 2 月 8 日，周恩来总理正式提出中国要发展核电，随即开始了核电站的科研、规划和设计。1978 年，党的十一届三中全会以后，中国政府开始正式组织领导核电站的建设。制定了积极适当地发展核电的战略方针，有重点、有步骤地建设核电站。

几十年过去了，我国在一些基础科学和尖端科学方面取得了不俗的成绩。目前为止，我国核工业已有雄厚的基础，并且拥有一支较高水平的科技队伍从事核能科研、生产管理和教学。中国具有管制核反应堆几十年的经验。不仅如此，中国核工业已经从

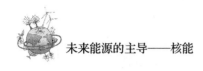

封闭状态走向世界。

　　近几年来，中国原子能公司与世界上许多国家建立了合作关系。中国的同位素产品和核研究设备已出口欧美等 10 多个国家和地区。同德国、法国、芬兰、比利时等国签订了相关的合作协议。

　　中国的核技术及其产品已具有相当高的水平，可以和不少国家和地区互通有无。

　　目前，中国电力供需矛盾紧张。尤其是华东、华南和华北及其沿海一带，是中国工业最发达的地区，其工业产值占全国工业总产值的 70%以上。可是，这些地区偏偏缺乏水能等能源资源，电力供需矛盾更加紧张。这已成为制约中国经济发展的一个关键性薄弱环节。

四、核电站的规划

　　中国是与美国、苏联、英国、法国和印度并立的世界上 6 个老资格核大国之一。然而，中国大陆的核电站建设还远远不够。不过，世界上许多国家发展核电站建设获得了很大的成功，积累了丰富的经验，也有个别核电站事故的教训。这些都可以作为中国发展核电站的借鉴。

　　中国计划力争在 20 年内，主要在东部及其沿海一带，建设一大批核电站。除了大家所熟知的秦山核电站和广东大亚湾核电站之外，浙江、福建、山东等沿海一带，也正在着手筹备和酝酿兴建核电站。另外，中国台湾地区已经投产的庆山和国盛两座核电站，装机容量分别为 2×63.6 和 2×98.5 万千瓦。除此之外，还有在建的核电站。

尽管世界上许多国家的核电站建设都是成功的，但是人们最关心的还是核电站的安全问题。中国在核电站建设方面也十分注重安全问题，坚持安全第一、质量第一的方针。努力在万无一失的前提下，做到以防万一。

中国在建的核电站，采用了世界上最先进的设计和设备以及最先进的管理技术，采用了世界公认的、技术上最成熟的压水型核反应堆，在核电站技术方面是十分成熟的。此外，国家核安全局已发布实施关于核电站厂址选择、设计、施工质量保证和运行四个安全法规。而且新的核电站的建设需要在国家核安全局正式颁发核电站建造许可证以后，才可以正式建设核电站。

中国在核电站厂址选择上也是十分慎重的。已选定的厂址，都是对当地地震、地质、水文、环境等条件进行较长时期的勘察评价之后，再细致周详地进行考虑的结果。同时，参考了世界上一些国家的核电站选址法规，并经专家评审后，才最后确定。因此，中国在建核电站本身的安全稳定性以及厂址附近和邻区居民的安全方面，是有充分保证的。根据有关国家法律规定，核电站厂址离开人口稠密区或市区的距离，英国为 2 英里（1 英里≈1.6 千里），法国为 4 千米，瑞士最远为 20 千米。中国广东大亚湾核电站厂址，离开人口聚居地的距离超过 20 千米，离开九龙和香港岛差不多 50 千米，并且还有天然屏障。显然，中国核电站厂址的选择，能够对核电站的安全稳定起到重要的作用。

不仅如此，中国政府已决定，今后，在制定核安全标准、安全评价分析等方面，也将加强与国际原子能机构的合作。这一切必将保证中国核电站建设顺利地向前发展。

中国浙江省秦山核电站是中国自己设计和建造的第一座核电

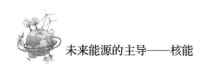

站。秦山核电站地处浙江省海盐县，依山傍海，是中国大陆第一座核电站，该核电站的防浪大堤长 1800 米，高出海面 8 米，高出历史最高海水为 3 米，这样的高度让秦山核电站无水患之忧。

秦山核电站的核反应堆安全壳是一座高四五十米、内径 36 米的圆筒型钢筋混凝土建筑物，与杭州湾遥遥相望。安全壳的厚度为 1 米，而且具有一层 6 毫米厚的钢板衬里。在安全壳内还修建了一道 2 米厚的核反应堆屏蔽墙。这道屏蔽墙在一般情况下完全可以阻止核辐射外泄，在屏蔽墙外设置钢板衬里的安全壳，更是预防核反应堆可能发生最严重的事故的。万一发生意外，也是可以将不良后果控制在最小的范围内的。例如，1979 年，同样采用压水堆的美国三里岛核电站核反应堆底部烧穿，导致大量的核燃料外泄，正是外面的安全壳使附近居民免受核辐射的伤害，方圆 60 千米范围内的居民所受辐射剂量小于一次 X 光透视的辐射剂量。

尤其是 1986 年切尔诺贝利核电站事故发生后，秦山核电站将安全问题提到了最重要的位置。比如，秦山核电站建造了多重屏蔽物，建立了多重独立的保护系统，采取了防止核反应堆熔化以及抗震和安全电网等措施。在施工中实行了一套严格的质量管理办法，每个项目和每道工序都必须验收合格。不管什么材料，事先都要经过化验和试验才能正式用于施工。

秦山核电站为中国核电站建设的发展奠定了良好的基础。秦山核电站核燃料组件的生产工作由在四川宜宾的核燃料元件厂生产。该厂承担着秦山核电站核燃料组件的研制和生产任务。它的大部分设备都是国内自己设计制造的，其性能和检测手段都已达到了相当高的水平。这标志着中国核电建设发展到了一个新阶段。

中国广东大亚湾核电站，是中国大陆第一座具有世界先进水平的大型核电站。位于广东省深圳市以东约 70 千米的麻岭角，依山傍海，中国广东大亚湾核电站有两台压水堆发电机组，总装机 2×90 万千瓦，年发电量可达 100 亿度，广东大亚湾核电站不仅可以弥补广东省电力之不足，而且将有 70%的发电量供应香港，以确保香港的稳定和繁荣。

大亚湾核电站建设有长 1400 米、高 14~16 米的防浪大堤，长 1000 米、深入地下约 16 米的、阻止海水向内渗透的防渗帷幕，千吨级的材料码头，蓄水量 130 万立方米的水库等。

大亚湾核电站是中国同西欧国家之间涉及金额最大的经济合作项目，工程总造价为 37 万美元。大亚湾核电站的安全可靠性可以说是近乎万无一失的。

在核电站的厂址选择方面，选定麻岭角作为厂址，也是慎之又慎的。厂址选择花了 3 年多时间，先后勘察、评价和比较了 30 多个厂址方案，最后经全国 17 个单位的 48 位专家和工程师评审后才选定的。

在这里，即使发生 7 级地震，核电站也会岿然不动。

大亚湾核电站外面有三道安全屏障，采用的是法国产压水反应堆。尽管如此，大亚湾核电站仍然采取了足够的措施来预防核辐射的外泄，做到以防万一。大亚湾核电站的兴建，标志着我国的大规模核电站建设已开始起步。它将作为中国电力建设史上一块丰碑而载入史册。

进入 21 世纪，中国核电迈入批量化、规模化的积极发展阶段。21 世纪的前十年，国家已核准 34 台核电机组，总装机容量达 3692 万千瓦，装机容量为 2881 万千瓦，在建规模居世界第一。

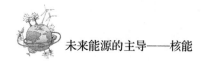

截至 2010 年年底，中国大陆已建成投运的核电机组共 13
台，分别为浙江秦山一期核电站、浙江秦山核电站二期、浙江秦
山核电站三期、广东大亚湾核电站、广东岭澳核电站一期、江苏
田湾核电站一期，广东岭澳核电站二期 3 号机组、浙江秦山核电
站二期扩建工程 3 号机组。

2012 年，中国大陆正在建设的核电机组有 26 台，分别为广
东岭澳核电站二期 4 号机组、浙江秦山二期扩建工程 4 号机组、
辽宁红沿河核电站一期、福建宁德核电站一期、福建福清核电站
一期、广东阳江核电站 1、2、3 号机组、浙江方家山核电站（秦
山一期扩建）、浙江三门核电站、山东海阳核电站、广东台山核
电站、海南昌江核电站、广西防城港核电站 1 号机组等。

在积极推进核电建设的同时，我国相关部门积极研究和调
整，配合核电的开发利用。我国核电政策已经能够基本明确，主
要体现在以下几个方面。

第一，大力发展核能，积极推进核电建设。积极发挥核能发
电在优化国家能源结构中的作用，极力保障能源安全，促进节能
减排，保护环境清洁。

第二，实施核电项目核准制度。根据能源资源和电力市场的
情况，优先考虑能源短缺地区和沿海厂址的开发利用，合理进行
核电站的选址工作。

第三，加强核电安全管理，依法强化核电安全监督，推进核
安全文化建设，积极扩展核电安全科技研发。坚持"安全第一、
质量第一"的方针。

第四，推进核电技术进步。加强快堆科研攻关，开发应用具
有自主知识产权的、先进的核电技术。

五、师夷长技以自强

我国核电行业的热门话题是核电站技术的引进、消化和国产化。我国核电从 20 世纪 80 年代在大亚湾核电站从法国引进两台 90 万千瓦 M310 核电机组开始，发展到 90 年代大亚湾核电站建成后从法国引进岭澳两台改进的 M310，从加拿大引进秦山三期两台 CANDU 堆，从俄罗斯引进两台 VVER 压水堆，在这些堆相继建成投产后，从美国西屋公司引进 4 台 AP1000，并决定以此为依托，建立我国自主的先进第三代核电技术 CAPI400。

大亚湾—岭澳引进项目是我国在引进的技术方面比较成功的项目，在引进岭澳项目时，就设定了国产化的目标。我国大型机械设备包括核电设备的加工能力已经基本具备，相关集团都已经成功获得了核电设备的制造加工技术。

随着岭澳二期和秦山二期扩建项目的实施，我国已经基本具备制造在 M310 堆型上改进的我国有自主知识产权的改进型第二代加压水堆 CPR1000 的国产化能力。这种堆型的国产化进程基本上是在中广核的主导下完成的，其中核反应堆一回路部分主要由中广核委托我国核动力研究院设计完成。目前我国在建的一大批核电项目都是采用这种设计。

辽宁红沿河核电工程是"十一五"期间首个获准开工的核电项目，其 1、2 号机组主体工程已分别于 2007 年和 2008 年开工，全部 4 台机组在 2012 年至 2014 年建成投入商业运行。此外，采用 CPR1000 的广东阳江、福建福清、浙江方家山 3 个核电站项目（共 14 个机组）获得核准。中广核与中国核动力研究院为当前核电大发展的局面做出了重要的贡献，是中国核电走"引进—消化吸收—国产化"道路的成功范例。

引进、学习、吸收、消化是我国核电事业发展的捷径，通过这样的过程，相信我国的核电事业在技术上定会达到更高的水平。

第四节　巨大的能源诱惑

人类自进入工业化社会以后，就对能源有着日益旺盛的需求。在传统能源逐渐没落的背景下，人们重新认识了核能这种极具诱惑力的能源。

核能之所以有极大的诱惑力，是因为其具有潜能巨大、经济实用的魅力。比如，一座100万千瓦压水堆核电站，每年需要补充40吨燃料，其中只消耗1.5吨铀-235，其余的尚可回收，所以，燃料耗费是微不足道的。

一、核能改善能源结构

在人类发展的历史长河中，核能的利用有着划时代的重要作用。在远古时代，人类学会使用火来供应所需的能量，从此开始了文明的历程。

以后又懂得了用风力、水力等自然动力作为能量的来源，迈出了机械化的第一步。煤、石油、天然气的应用也较早，长期以来主要用于提供热能和照明。

18世纪中叶蒸汽机的发明，使人类开始懂得热能可以转化

为机械能，进而转化为电能。随着电能被广泛地应用，生产力大大提高，经济飞速发展。

20 世纪 40 年代以来，人类又开始了核能的开发和利用，掀开了新能源利用的一页。

核电的发电成本由运行费、基建费和燃料费三部分组成。核电站的运行费和火电站的差不多，但核电站运行可靠，每年利用的时间最高可达 8000 小时，平均约为 6000 小时。核电站的燃料费比火电站的要低得多。比如，一座 100 万千瓦压水堆核电站，每年需要补充 40 吨燃料，其中只消耗 1.5 吨左右的铀-235，其余的尚可回收，所以燃料运输是微不足道的。然而，对一座 100 万千瓦烧煤的发电厂来说，问题就要复杂多了。

这样的发电厂每年至少消耗 212 万吨标准煤，平均每天要有一艘万吨巨轮或者三列 40 节车厢的火车把煤运到发电厂，运输负担之沉重是可想而知的。

实践表明，核电站的基建费虽然高于火电，但燃料费要比火电低得多，而两者的运行费又相差不多，所以折算到每度电的发电成本，核电已普遍低于火电 15%~50%。火电的燃料费占发电成本的 40%~60%，而核电只占 20%~30%。同时，火电厂的发电成本受燃料价格的影响要比核电站大得多。

核能利用是解决能源问题必由之路，它在能源中的比例将逐步加大，从而改善能源结构，并有希望在将来彻底解决人类对能源的需求。

二、核能优势

通过上文我们知道，核电站的固体废物并不会向外界排放，放射性的液体废物转化为固体后也不会排放。其他如工作人员的淋浴、洗涤这些低放射性的废水也会经过处理、检验之后再进行排放。气体废物经过滞留衰变与吸附、过滤后会向高空排放。

所以，核电站实际排放的放射性物质远远低于标准规定的允许值，这样一来，就不会对人类的生活和工农业的生产带来负面影响。

但是，核能的开发利用是一个循序渐进的长期进程，按其科技难度和实现产业化的前景展望，大致可分为三个阶段：第一阶段是热中子反应堆，第二阶段是快中子增殖堆，第三阶段是可控聚变堆。这三阶段需要互相衔接，逐步进入实用，实现产业化。

作为发展核裂变能的主要原料之一——铀，已探明储量约490万吨，钍储量约为275万吨，若是利用得好，可使用2400年至2800年。世界上已探明的裂变燃料已足够人类使用到聚变能的时代。而聚变能燃料存在于海水之中，可供人类使用上千亿年。

世界上拥有核电的国家，经过多年统计的资料表明，核电站的相对投资虽高于燃煤电厂的投资，但因核燃料成本显著低于燃煤成本，以及燃料是长期起作用的因素，这就使得世界上目前核电站的总发电成本低于燃煤电厂。

美国原子能委员会主席路易斯·施特劳斯曾充满信心地说："我们的子孙后代将可以永远享用便宜得几乎无须计量的（核）电力。"

我国调整核电中长期发展规划，加快沿海核电发展，力争2020年核电占电力总装机比例达到5%以上。之前在核电规划中，核电比例为4%。2009年中国建成和在建的核电站总装机容量为870万千瓦，2010年中国核电装机容量约为2000万千瓦，2020年约为4000万千瓦。

到2050年，根据不同部门的估算，中国核电装机容量可以分为高、中、低三种方案：高方案为3.6亿千瓦（约占中国电力总装机容量的30%），中方案为2.4亿千瓦（约占中国电力总装机容量的20%），低方案为1.2亿千瓦（约占中国电力总装机容量的10%）。也就是说，到2020年中国将建成40座相当于大亚湾核电站那样的百万千瓦级的核电站。

从核电发展总趋势来看，中国核电发展的技术路线和战略路线早已明确并正在执行，当前发展压水堆，中期发展快中子堆，远期发展聚变堆。具体地说，近期发展热中子反应堆核电站。为了充分利用铀资源，采用铀钚循环的技术路线，中期发展快中子增殖反应堆核电站。远期发展聚变堆核电站，从而基本上"永远"解决能源需求的矛盾。

三、竞争关键——核电安全

核能是一种比较经济、洁净和短期内可大规模工业生产应用的能源，是改变我国以燃煤为主能源结构的替代能源，其突出的优点是在生产过程中不排放任何温室气体。

相对于核电站的优势，人们更加担心核电站的安全性。但是，经过了这么多年的发展，核电站的安全技术和安全防范措施已经相当成熟。在核电站的设计阶段，就考虑到了安全问题。比如，核电站的基本设计和管理原则是：安全第一。设计良好、管理完善的核电站不会发生核废物泄漏污染这样的问题。

为了防止核泄漏，现代核电站采用了多道防护措施，以保证发生重大核泄漏事故的概率降低到 $10^5 \sim 10^6$ 堆·年。

因此，核电站被称为"最新式、最干净、最方便、最安全、最经济"的可持续能源，是目前唯一现实的、可大规模替代化石燃料的能源。作为一种新能源，核能的和平利用，特别是核能发电在世界范围内发展非常迅速。

核能作为未来社会发展的主要能源之一，其发展趋势为：日益提高的安全性，经济上越来越具有竞争力，在役核电站的寿期日益延长，单机容量向大型化和小型化方向发展，环路数一般采用 2 个或 4 个的偶数环路，以便于堆内安全系统的设置和安排。仪表控制系统的数字化和施工建设的模块化趋势不断增强，发展快中子堆技术，建立闭式核燃料循环，是世界未来核电发展的重要方向。

核电的安全性日益成为未来核电市场竞争中的最关键因素。越是先进的核电机型，其安全方面的要求就越高。比如，最新提出的第四代核电站的性能要求以及美国最近颁布的新的能源政策都贯穿提高在安全性这一主线，并采取了纵深防御的设计思想，冗余性、多样性的设计方法和保守性的设计原则。要求堆芯熔化概率<1.0×10^5 堆·年，大量发射性释放概率<1.0×10^6 堆·年，燃料热工安全裕量≥15%，取消场外应急的需要等待。

而且，世界各国最新提出的"非能动安全系统"的设计概念，一般都在原有设计基础上增加非能动安全系统代替原有的能动安全系统，但不追求全部采用非能动安全系统，而是以技术成

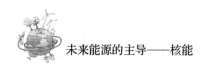
熟的程度和对机组的安全、经济性能的改进程度为根据，确定采用哪几个非能动安全系统，即使非能动、能动混合型的安全系统，也要简化系统，减少设备，提高安全性。

四、核电成本控制与前景

核电的经济性是决定核能能否与其他能源展开竞争的主要因素之一。未来第四代核能系统，其技术目标中有关经济性的指标有两个，一是全寿命成本的优势，二是低经济风险。美国已建核电站运行结果显示，还本付息后的发电成本远低于市场平均发电成本。

在经济上延长寿期相对于新建核电站更经济。从可行性看，迅速更换反应堆的部件等措施、延长反应堆寿期在技术上和经济上已得到了验证，绝大部分原设计寿期 40 年的核电机组都可延长到 60 年。

目前美国、英国、日本等许多国家都做了很多关于延长核电机组寿期的研究验证工作，并通过核安全当局的审查批准延长寿期。

世界各核设备供应商提出新的核电机型都无一例外地采用了全数字的仪控系统，并且进一步向智能化方向发展。法国的 N4 和日本的两台 ABWR 机组都是全数字的仪控系统。新设计的机组也都是采用全数字的仪控系统。

核电的建设施工为缩短工期、提高经济性都突破原有方式向模块化方向发展。在设计标准化、模块化条件下加大工厂制造安装量，通过大模块运输、吊装、拼接，减少现场施工量。这是新一代机型共同采取的新技术。

美国通用电气公司和日本联合建设的两台 ABWR 机组已成功地采用了这种技术，我国 10 兆瓦高温气冷堆也实现了仪表控制系统的数字化与施工建设的模块化。

快中子堆最大的优点就是能够充分利用核燃料，它在消耗裂变燃料产生核能的同时，还能够产生相当于消耗量 1.2~1.6 倍的次生裂变燃料，使得热堆积压下来的铀−238 的 60%~70%能在快堆中利用。

快堆另一用途是焚烧长寿命和强放射性的裂变产物和锕系元素，处置高放废物。

聚变堆是利用氢的同位素氘、氚等聚变成氦而释放核能的反应堆。氘即重水中的"重氢"。地球上的水中有 1/7000 是重水，总计含氘量有 40 万亿吨。聚变反应堆成功后，水中氘足以满足人类几十亿年对能源的需求。

然而，实现持续的可控聚变，难度非常大。关键问题是要把氘、氚原子核加温到几千万乃至上亿摄氏度 (已是等离子体)，并把它们约束在一起。目前主要研究的有磁约束、激光惯性约束等实现可控聚变的途径。各国已建造多种类型的试验装置共 200 多台，我国也已建成 4 台，向可控聚变目标探索。

可控热核聚变堆研究已露出胜利的曙光：国际上的磁约束聚变试验装置已得到了输出功率大于输入功率的成果，原则上证实了可控聚变堆的科学可行性。美、俄、日、欧盟等联合开发的国际热核聚变实验堆已完成设计，决定在法国卡达拉舍建设。

专家估计到 2050 年前后人类有可能实现原型示范的可控聚变堆核电站发电。核聚变堆要发展到经济实用的阶段还有一段相当长的艰辛的道路，但它的前景是光明的。在科技前沿上与国际

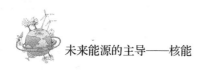

合作，与国内的可控聚变研究紧密结合，可以推动我国聚变核能利用的发展。

我国核能利用已面临大好的发展机遇，国家《核电中长期发展规划（2005—2020年）》已明确了我国核电到2020年的发展目标：到2020年我国将有4000万千瓦核电运行发电，1800万千瓦在建。从现在发展势头看来，这个目标能够达到，而且很可能超额完成。

国家《中长期科技发展规划纲要》已将"大型先进压水堆及高温气冷堆核电站"列为重大专项。

据此，国家各有关部门正在具体组织实施，以期充分利用我国已积累的核能技术和经验并充分吸取国际先进技术和经验，在较短时间内既完成自主设计建造一定数量的第二代改进的核电机组，又批量自主设计建造第三代先进核电机组，并自主创新地创建中国品牌的大型先进压水堆核电机组和高温气冷堆核电机组。我们要更安全、更经济地优质高速发展核能利用，以期这方面的成就到2020年成为我国是自主创新型国家的标志之一。

我国已建成的实验高温气冷堆和正在建设的实验快堆核电站和闭式核燃料循环（包括乏燃料后处理）系统等研究开发工作正推动着我国核能利用迈向更高的层次。我国在热核聚变方面取得的研究成果和积极参与国际合作的走向也是令人鼓舞的。

总之，我国核能利用的发展前景将越来越广阔。但这终究是一个长期的、巨大的系统工程，既要解决近期为国民经济服务的大量技术课题，又要为下一步和长远发展进行系统的预研究，开展基础研究和应用研究，牵涉的学科范围也十分广泛且相互交叉。

因此，必须远近结合，高瞻远瞩，全面考虑，统筹安排，认真落实，力争在较短时间内能与国际先进水平并驾齐驱，走在前沿。我们相信，在科学发展观的指引和国家的统一规划下，经过努力，我国核能的开发利用必将结出丰硕成果。

第六章　谁来指路：核能的未来

　　由于核能的能量密度大，在合理操作的情况下，安全性比较高，而且相对于煤电来讲，污染更少，人们对于核能寄予了深厚的希望。相信人类在核能未来的发展道路上，一定会越走越远。特别是发展核电技术和利用核能发电，更是解决未来能源问题的良好途径。

　　而且，核能还有更加有前景的利用方式——核聚变。核聚变的能量密度极高，基本不会产生污染物，比核裂变的原料来源更加广泛，是最有希望彻底解决人类能源问题的方式。

第一节 核电发展的三部曲

我国核电发展主要分为三个部分：第一类的核电站是热中子堆为核心，主要是压水堆核电站；第二类就是以快堆为代表的核电站了，这类核电站主要是利用同位素铀-238；第三类进军核聚变，主要是聚变堆。聚变堆核电站技术还不是很成熟，没有达到商用阶段。

一、为什么青睐核电

高能量密度的核能是目前最具希望的主导能源，从总体看，常规的能源资源是有限的。在人类发展今后的几十年间，石油、天然气必然是要面临耗尽的地步，煤炭资源也只能够使用一二百年，因此化石能源是无法满足人类生存发展需要的。

我国目前能源生产中，煤炭占74%。由于我国煤炭资源丰富，在今后一段时间内，煤炭仍将是我国主要能源。我国煤炭的地质储量丰富，但按世界能源会议标准来估计，可经济开采储量不到2000亿吨。据估计，到2050年，随着人口增长和经济发展，我国能源消耗将达到目前水平的5倍左右，如果维持我国煤

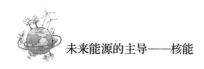

炭的消耗占总能耗的 70%水平估算，则 2050 年煤炭的年消耗量将达 50 亿吨。

这样，到 21 世纪 60 年代，我国可经济开采的煤炭将被开采完毕。因此，我国要长期以煤炭为主要能源，显然是不可能的。

我国煤炭资源分布不均，大量集中在山西、陕西、内蒙古自治区，而东部沿海经济发达地区缺乏常规能源。因此，西煤东运、北煤南运是长期以来困扰我国经济建设的重要问题之一。目前煤炭的运输占我国铁路货运量的 40%。

如长期坚持以煤炭为主要能源，到 21 世纪中叶，煤炭运输量将增加 4 至 5 倍。即使加紧修建铁路，运输问题还是难以解决。由于这一限制，煤炭的消耗量不可能达到每年 50 亿吨，只可能限制在每年 30 亿吨以内。

煤炭燃烧对环境的污染比石油、天然气严重得多。目前我国燃煤每年排入大气的灰尘约 2300 万吨、二氧化硫 1460 万吨、二氧化碳 30 亿吨（包括燃油等，占世界总排放量的 13.6%，排世界第二位），它已给许多大城市的环境造成严重污染。

如果到 2050 年我国每年燃煤达 50 亿吨，则超过了 1988 年全世界的煤炭总产量的 48.4 亿吨。这就是说，2050 年的中国所有燃煤相当于把 1988 年全世界出产的煤炭全部集中在中国 960 万平方千米的大地上燃烧，那样我国将不可避免地成为"黑盒子"，我国的环境将无法承受。

我国水资源丰富，理论蕴藏量是 7 亿千瓦，实际可开发的水能资源仅为 4 亿千瓦，居世界第一，但我国人均水能资源只及世界人均值的一半。

由于我国水资源大多集中在西南地区，输电设施的投资也相对巨大，而且地质条件复杂，能经济开发的水能资源不到总资源的一半。即使到 2050 年可经济开发的水能资源全部开发完毕，也不到 2 亿千瓦（现在已开发的约 0.6 亿千瓦）。只相当于两亿多吨标准煤，与 50 亿吨需求量相比，只是杯水车薪，因此水能不可能成为我国的主要能源。

2020 年以后，预计我国石油的年需求量将达到 4.0 亿吨~4.5 亿吨，而国内石油供应能力将不足一半，对外依存度将达 50% 以上。煤炭的开发规模又受到环境、运输等条件的制约。水电装机容量达到 3 亿千瓦之后，进一步大规模持续开发的余地不大。非可再生能源如风能和太阳能等，存在能量密度低和供能间断性等问题，尚无法大规模取代化石能源。

目前，中国电力供需矛盾紧张。尤其是华东、华南、华北及其沿海一带，是中国工业最发达的地区，其工业产值占全国工业总产值的 70% 以上。可是，这些地区偏偏缺乏水能等能源资源，电力供需矛盾更加紧张。这已成为制约中国经济发展的一个关键性薄弱环节。

按照在 21 世纪头 20 年全面建设小康社会的战略目标，我国的能源总需求将从目前的 14 亿吨标准煤增长到 2020 年的 30 亿吨标准煤，发电装机容量从现在的 4 亿千瓦提高到 2020 年的 9.6 亿千瓦，需要新增加 5.6 亿千瓦，能源供需矛盾极为尖锐。

我国目前的电力供应中核电仅占 1.6%。通过大力发展水电、加快发展核电、积极发展非可再生能源（尤其是风能）等举措，可以逐步降低化石燃料的份额，逐步改善能源结构。鉴于我国能源结构的历史与现实状况，2020 年之前我国能源供应仍将无法摆脱以煤炭为主的格局，即在新增加的近 6 亿千瓦中将有一半以上仍依赖于煤电，水电装机容量将达到 2.5 亿千瓦左右。专家预测，我国新增电力需求的缺口相当一部分要由核电来弥补，即

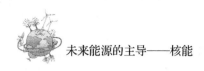

2020 年我国核电装机容量应达到 4000 万千瓦左右。

在过去的年代里，世界各地直接燃烧的大量化石燃料对人类生存环境构成了严重威胁，况且，化石燃料是化工生产的重要原料（我们暂且不谈将它直接燃烧是多么的不合算），这些给人类生存构成严重威胁，这已是当今世界性的严重问题。

在煤、油、气三种化石燃料直接燃烧中，对环境污染、破坏最严重的是煤，其次是石油，天然气相对干净一些。

与化石燃料相比，核电是既干净又安全的能源，发展核电，不仅能保证长期稳定的能源供应，而且对保护环境、改善人类生存条件发挥重要作用。

核电站不存在化石燃料燃烧对环境的严重污染。核电站没有化学燃料，不排放二氧化碳、二氧化硫和氮氧化物这些有害气体。所以用核电站代替燃煤电站就可以大大改善环境质量。

二氧化碳在大气中积聚是引起"温室效应"的主要原因，大气中大量的二氧化碳，对太阳光透射影响不大，却可显著减少地球热量的散失，引起地球温度的升高。这种效果人们称为"温室效应"。

据估计，到 2030 年，大气中二氧化碳的浓度将达到工业化以前的二倍，将使地球气温上升 1.5℃~4.5℃。温度上升引起极地冰山的融化，将使海平面上升 0.2~1.4 米，许多沿海城市将会受到严重威胁。气温上升，使生态平衡受到破坏，给生物带来灾难，严重影响农业生产。因此，"温室效应"已引起国际社会的广泛关注。

在这样严峻的背景下，我国制定了核电发展三步走的战略。

二、核电发展目标

核能是解决我国能源可持续发展的重要的清洁能源，随着核能技术的发展，核能在中国电力的比重及对中国能源的贡献率将逐步提升。

为了达到这个目标，我国制定了核能三部曲的发展路线图。

第一是实现普及以热中子堆为核心的核电站，这方面中国选择了压水堆技术支撑核能快速发展。由于热中子堆燃烧的是铀的同位素之一铀-235，而铀-235在天然铀矿中的含量非常低，仅为0.7%。因此，有必要对这种状况进行改善。

第二是以快堆为代表的堆型，其特征为利用同位素铀-238。铀-238在天然铀矿中的含量比铀-235多几十倍，并且快堆对核燃料的利用率可比压水堆提高60倍左右。而且，快堆的有效寿命更加长久。据业内人士说，如果热堆可以工作几十年的话，快堆是可以利用几百年甚至几千年的。

不过，前两个目标都属于核裂变堆，只不过是利用了不同的铀同位素。

第三个目标则是改天换地了——开发聚变堆。从燃料方面来讲，核聚变的燃料是氘和氚，海水主要含的是氘，氚则是从金属锂中制造。

但是目前为止，人类还没有完全掌握可控核聚变技术。我国也将这个目标的实现途径分成了两个部分。第一步是实现氘和氘的聚变，第二步是实现氘和氚的聚变。因为如果能实现氘和氚的聚变，核能就能达到永续。

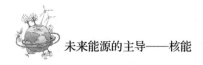

基于核聚变燃料丰富的特点，现在世界各国都在争取可控核聚变研究的突破，我国也不例外。比较乐观的看法是核聚变或许可以在 50 年后成为实际能源，然而在这 50 年里，核聚变技术要走过实验堆、示范堆、商用堆等几个阶段。如果时间宽泛些，预计突破可控核聚变技术在 100 年左右。

近年来，我国的核工业技术不断发展，由中核集团中国原子能科学研究院自主研发的中国第一座快中子核反应堆——中国实验快堆（CEFR）在 2010 年 7 月 21 日达到首次临界。这标志着我国快堆技术取得了重大进展。

虽然快堆技术还没有完全成熟，实现快堆发电还需要时间，现在也只是实验堆，以后还要经过示范堆、商用堆几个发展阶段才可能投入实际应用。不过，快堆达到临界确实表明我国第四代先进核能系统技术实现了重大突破，并成为继美、英、法等国之后，世界上第八个可以自主建造快堆的国家。

有关专家认为，2030 年之前，核电的实际贡献都是依靠压水堆技术，我国计划到 2030 年，快堆可以真正地用来发电。总体上来讲，无论是从建立长远发展的可持续发展的能源体系来说，还是从保护环境发展清洁能源的角度看，发展核电在我国都具有重要的战略地位。

目前，虽然我国核能发展仍处于初级阶段，我国核电在整个电力里的比重仅为 1%。但是中国发展核能的思路十分明确。计划到 2020 年，我国核电装机容量将达 7000 万~8000 万千瓦，届时，核电就会在整个电力里的比重达到 7%左右。到 2030 年，核电站的总装机容量将提高到 2 亿千瓦。到 2050 年，核电站的总装机容量将提高到 4 亿千瓦，到那时，核电站的总装机容量将占到整个电力行业的 15%。由于核电每年可以运行七八千小时，远远高出风电 2000 小时/年的运行时间，核能发电量的贡献率甚至可能达到22%。

三、自主创新与国际合作

核工业技术是一项相当复杂的技术，涉及很多相关的学科。因此，在核电发展领域中，关于引进技术和自主创新的问题一直是人们热议的话题。在核能发展中，自主创新与国际合作并不会互相排斥。

20世纪70年代左右，核电开始在中国起步，最初我国选择的是自行设计、自行建造的模式，走的是完全自主创新的技术路线，并建成了30万千瓦秦山核电站。之后，中国成套购置了法国、加拿大、俄罗斯核电机组，我国在大亚湾核电站就采用引进技术。

不久前，我国又引进了美国和法国的第三代压水堆技术。因为它的安全性和效率都更高。我们可以在已引进国外先进技术的基础上进行吸收、消化、再创新。吸收国外先进的技术，可以缩短我国和国外先进水平的差距。从引进消化吸收起步，然后走向自主创新，这条路线更为切合中国的实际情况，也更加有利于提高核工业技术水平。

其实，从长远来看，不仅中国需要如此，随着技术和经济全球化的进一步深入，一些技术大国也需要来自其他国家的技术力量。比如发展聚变堆，就需要国际合作，因为即使美国和西欧的发达国家也很难以一国之力，建造出可以商用的聚变堆，而国际合作能够使得聚变堆的研究效率更高。比如"人造太阳"计划就是欧盟、美国、中国、日本、韩国、俄罗斯和印度联合起来，在法国南部的卡达拉舍建造的国际热核聚变实验堆（ITER），它将热核燃料加热到 1 亿摄氏度，成为历史上第一个产生能量多于其消耗能量的聚变反应堆。

不过，在开展国际合作的同时，我国同样需要通过不断的技术创新增强国产化能力，这样才不会受制于人。

四、完善产业链

核电工业和其他行业一样，也需要建立起完善的产业链条，这样才能持续地发展，而不能长久依靠国外。

但是情况并不是这样的。虽然核能在我国已发展了几十年，但是，中国还没有建成自己的核废料处理厂。业内人士认为，这主要是因为我国目前核电的规模十分有限，核废料的规模不足以支撑起一个产业。目前，我国处理核废料的方式主要是通过将核废料里的长寿命元素嬗变后，转化成短寿命元素，然后进行玻璃固化和层层屏蔽，然后进行深层地质掩埋。

虽然这是目前国际通行的做法。然而，问题并不是没有。到 2050 年，如果我国核电实现了 4 亿千瓦的装机容量，超过了现在全世界核电的总量。到那个时候，我国核废料的处理问题定会是一个难以处理的问题。

第二节 第四代先进核能系统

第四代先进核能系统必须能够和其他电力生产方式相竞争，总的电力生产成本低于每度电 3 美分。初投资每千瓦小于 1000 美元。建设期小于 3 年。堆芯熔化概率低于 10×10^{-6} 堆·年。

这是核能安全的一个革命性改进，其含义是无论核电站发生什么事故，都不会造成对厂外公众的损害。能够通过对核电站的整体实验向公众证明核电的安全性等。

一、核电站的分代标志

第一代核电站是早期的原型堆电站，即 1950 年至 1960 年前期开发的轻水堆核电站，如美国的希平港压水堆、德累斯顿沸水堆以及英国的镁诺克斯石墨气冷堆等。

第二代核电站是 1960 年后期到 1990 年前期在第一代核电站基础上开发建设的大型商用核电站，如加拿大坎度堆、苏联的压水堆等。目前世界上的大多数核电站都属于第二代核电站。

第三代即 1990 年后期到 2010 年开始运行的核电站，是指先进的轻水堆核电站。第三代核电站采用标准化、最佳化设计和安

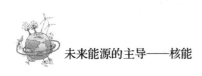
全性更高的非能动安全系统，如先进的沸水堆、欧洲压水堆等。

第四代核电站的目标是到 2030 年达到实用化的程度，是待开发的核电站。第四代核电站的主要特征是经济性高，可以与天然气火力发电站相当，安全性好，废物产生量小，并能防止核扩散。

目前，全世界核电站每年发电量约为 2500 亿千瓦时，占世界总发电量的 1/5 左右，压水堆核电站是当前世界核电的主流堆型。

二、第四代核能系统概述

第四代核能系统是一种具有更好的安全性、经济竞争力，核废物量少，可有效防止核扩散的先进核能系统，代表了先进核能系统的发展趋势和技术前沿。

其基本思想是：全世界（特别是发展中国家）为社会发展和改善全球生态环境需要发展核电。第三代核电还需改进。发展核电必须提高其经济性和安全性，并且必须减少废物，防止核扩散。核电技术要同核燃料循环统一考虑。各国对第四代核电站堆型的技术方向达成共识，即在 2030 年以前开发六种第四代核电站的新堆型。

三、第四代开发目标

第四代核电站的开发目标可分为四个方面。

（一）核能的可持续发展

通过对核燃料的有效利用，实现提供持续生产能源的手段。

实现核废物量的最少化，加强管理，减轻长期管理事务，保证公众健康，保护环境。

（二）提高安全性、可靠性

确保更高的安全性及可靠性。大幅度降低堆芯损伤的概率及程度，并具有快速恢复反应堆运行的能力。取消在厂址外采取应急措施的必要性。

（三）提高经济性

发电成本优于其他能源。资金的风险水平能与其他能源相比。

（四）防止核扩散

利用反应堆系统本身的特性，在商用核燃料循环中通过处理的材料，对于核扩散具有更高的防止性，保证难以用于核武器或被盗窃。为了评价核能的核不扩散性，DOE（一种安排实验和分析实验数据的数理统计方法）针对第四代核电站正在开发定量评价防止核扩散的方法。

四、中国要做的事

我国近期批准了一批核电站的建设构想，可以说，当前是中国核电发展的最关键时期，国家电力规划中也已确定了"适度发展核电"的目标。有专家论证，到 2050 年，为保证满足发展国民经济对能源的需求，核电的装机容量至少需要达到 120 吉瓦。这个目标，只依靠发展热堆核电站，根本无法满足这一需求，因此，必须采用热堆核电站与快堆核电站"接力"的发展途径，才有可能实现这一目标。为此，快堆核电站需要在 2025 年开始逐步取代热堆核电站，才能保证核电发展的持续性。在这个框架下，热堆核电站的发展规模可能为 55 吉瓦左右。

为适应 2020 年国民经济翻两番的宏伟目标，2015 年之前，每年要开工建设 2 吉瓦的核电机组。据专家估计，如果按照这样的速度发展，到 2035 年，中国核电占全国总发电量的比例将会达到 16%，相当于现在世界的平均水平。

面对第四代核电站，为实现中国核电发展的宏伟目标，有关专家提出了四点建议：当前要尽快掌握技术，抓紧第二代核电站的建设，实现国产化。同时，抓紧第三代核电技术的自主开发，坚持并抓好快中子堆技术的开发，抓紧先进核燃料循环技术的相关研究。

近二三十年内，国际上主要建设的是第三代核电站。中国应按国际上第三代核电技术的要求，加强自主开发的力度，同时引进先进技术，加强国际之间的合作，在国际第三代核电技术发展中取得一定的成绩。在 2020 年左右，中国应具备批量建设符合国际上第三代核电技术要求的核电站的能力，这样才能在预定的时间内提升我国的核电实力。

有关专家建议，应加快大型快堆电站的开发，争取跨越式发展，力争 2020 年建成中等规模的原型快堆电站，并具备相应的闭合燃料循环能力，力争在 2025 年开工建设大型快堆示范电站，并在 2030 年后建设具有国际上第四代商用核电站。因为第四代核电中，达成共识的六种新型核电堆型中至少三种是快堆核电站，由此可见，由热堆核电站向快堆核电站过渡是一种大致的趋势。

另外，在发展核电技术的同时，还需要发展与之相匹配的燃料循环技术。我国的乏燃料后处理技术虽然已有一定基础，但总体上还比较薄弱，我国要从基础研究开始，研究开发先进燃料循环技术。

在第四代核电站的发展过程中，专家们认为中国核电发展的首要工作是制定一个有权威的规划，从而决定发展规模和燃料循环方式，进而规划出技术路线、堆型选择、国产化等一系列重大问题。核电项目应该是在这些重大问题决定好了的基础上的产物。因为只有具备了有权威的规划，核电才能健康有序地发展。

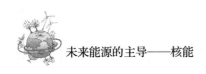

第三节　快中子堆和混合堆

　　人类对核能的利用已经有几十年的历史。经过长时间的探索和研究，人们对于各种形式的核反应堆进行不同方面的比较，发现了几种效率更高的核反应堆，本文介绍的快中子核反应堆和裂变聚变混合堆就是当今和未来的效率比较高的核反应堆。

一、中子核反应

　　我们知道，中子是组成原子核的核子之一。中子是组成原子核构成化学元素不可缺少的成分，虽然原子的化学性质是由核内的质子数目确定的，但是如果没有中子，由于带正电荷质子间的排斥力，就不可能构成除氢之外的其他元素。

　　中子是 1932 年 B.查德威克在用 α 粒子轰击的实验中发现的，并根据卢瑟福的建议命名的。中子呈现中性，其质量为 $1.674\,928\,6\times10^{-27}$ 千克，比质子的质量稍大，自旋量子数为 1/2，自由中子是不稳定的粒子，可通过弱作用衰变为质子，放出一个电子和一个反电子中微子，平均寿命为 896 秒。中子是研究核反应很好的轰击粒子，由于它不带电，即使能量很低，也能引起核

能源时代新动力丛书

反应。中子还在核裂变反应中起重要作用。电中性的中子不能产生直接的电离作用，无法直接探测，只能通过它与核反应的次级效应来探测。

根据微观粒子的波粒二象性，中子具有波动性，慢中子的波长约 10^{-10} 米，与晶体内原子间距相当。中子衍射是研究晶体结构的重要技术。

中子核反应就是中子同原子核相互作用引起的核反应。我们知道，中子的重要特征是不带电，所以，不存在库仑势垒的阻挡，这就使得几乎任何能量的中子都可以同任何核素发生反应，但是在实际应用中，低能中子的反应更加重要。

中子核反应主要有以下几种：中子裂变反应，中子辐射俘获，中子的弹性散射和非弹性散射，中子被核吸收可放出 n 个中子的反应和发射带电粒子的反应以及吸收中子不放出中子的中子吸收反应等。

中子核反应在研究原子核结构和核反应机制及利用核能方面具有重要地位。

二、效率更高的快中子增殖反应堆

快中子增殖反应堆简称快堆，是一种以快中子引起易裂变核铀-235 或钚-239 等裂变链式反应的堆型。快堆运行时一方面消耗裂变燃料（铀-235 或钚-239 等），同时又生产出裂变燃料（钚-239 等），而且产生的能量大于消耗的能量，真正消耗的是在热中子反应堆中不大能利用的且在天然铀中占 99.2%以上的铀-238，铀-238 吸收中子后变成钚-239。在快堆中，裂变燃料不是越烧越少，而是越烧越多，得到了增殖。快堆是当今唯一的现实增殖堆型。

目前，我国核能利用已进入大规模化的商用阶段,已有9座核电反应堆机组在运行,总装机容量达到了670万千瓦,现阶段的核电站主要堆型是压水堆核电站。压水堆属于热中子堆也可以称慢中子堆，主要利用铀-235作为裂变燃料，而铀-235只占天然铀的0.7%左右。对压水堆来说，一次只能烧掉核燃料（即所有投入的铀资源）的0.45%左右,剩下的99%以上还是烧不掉,其中主要是铀-238。

但是，快堆技术比较复杂，工程开发投资较大，建设难度高于传统的压水堆。我国"863"计划完成了快堆发展战略和技术路线的研究，并提出快堆工程技术三步发展：

第一步，中国实验快堆，热功率6.5万千瓦，电功率2万千瓦,这个目标目前已经实现了。

第二步，中国原型快堆，电功率约60万千瓦，建议2020年运行,目前正处规划建议阶段。

第三步，中国商用验证堆，电功率100万~150万千瓦,建议2018年建造，2025年运行，并在此基础上2030—2035年批量推广大型高增殖快堆核电站。

快堆也有不足，由于快中子增值反应堆中的核反应会产生核武器的重要原料钚-239，因而快堆有较大的核武器扩散风险。这是每个国家都应该考虑的问题。

三、裂变聚变混合堆

我们知道，核聚变到目前为止还没有做到人工可控，但是核聚变能量巨大。同时，氢的同位素氘、氚聚变不仅是一种巨大的能源，而且是一个巨大的中子源。这时，就可以利用聚变反应室产生的中子，在聚变反应室外的铀-238、钍-232包层中，生产钚-239或铀-233等核燃料。这样的堆型就是所谓聚变裂变混合堆，简称混合堆。

聚变裂变混合堆也可以分为不同的种类，根据混合堆裂变包层的工作方式，可将混合堆分为快裂变型混合堆和抑制裂变型混合堆。

混合堆的发展过程需结合相关情况，完善核反应堆的启动、控制、加料、能量的传递与转换、放射性屏蔽及检修等有关工程问题。

托卡马克虽然目前比其他聚变途径更为成熟，"托卡马克"的俄文原意为"载电流的环形捕集室"，中文译为"环流器"，是1950年由苏联科学家萨哈罗夫和塔姆提出的。托卡马克堆使用强大的电流在极短的时间内向气态氘放电，使气态氘分离成带正电和带负电的粒子，即等离子体。同时，托卡马克堆的温度会相应地提高到几千万度，由此而产生核聚变。

但如果用托卡马克建造混合堆，不仅结构复杂，不便进行混合堆的总体布置，而且维修困难。如果不采用昂贵的清除杂质的偏滤器，这种堆由于杂质的积累，再加上磁场的不稳定性，只能脉冲运行。由于脉冲运行时的结构材料要经历温度循环和应力循

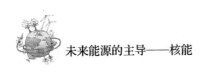

环，而且冷却剂的回路要能够储存脉冲时产生的能量，以保证功率相对稳定的输出。

四、道路曲折

当然，不应否认现在快堆发电还存在一些技术方面的问题，只要重视，问题还是可以解决的。任何科学技术的发展过程中，都会不可避免地遇到困难，发生曲折和反复，这是很正常的，也不足为奇。

目前在俄罗斯、日本、印度等就有 8 座快堆正在正常运行。

快堆是核电站未来发展比较多的堆型。从根本上讲，快堆不仅具有固有的安全性，而且具有很好的经济性。与热堆核电站相比，快堆核电站对核燃料的利用率高出了 60~70 倍，同时快堆还能焚烧掉长寿命放射性锕系元素。更重要的是，快堆核电站和热堆核电站能相辅相成地为人类提供安全、经济和洁净的电能。世界上有远见的国家，是不会忽视对快堆核电开发的。

到 2050 年，中国的能源缺口将达 10 亿吨标准煤。人们已经体会到大量使用化石燃料会污染环境，加速发展包括快堆核电站在内的核电事业，是解决上述问题的途径之一。在快堆技术发展上，我国政府也给予了高度重视，各有关主管部门也给予了有力的支持。

对于裂变聚变混合堆来说，由于聚变反应室壁和高温等离子体的相互作用，会使反应室壁发热。目前，人们希望用锂或锂的化合物来对它进行冷却，同时在冷却反应室壁内增殖氚。估计在用锂冷却的条件下，反应室壁将达到 800 摄氏度以上的高温，比目前钠冷快堆燃料元件包壳的使用温度高 200 多摄氏度。如此高的温度及高能中子、离子、γ 射线和中性原子的轰击，使聚变反应室壁的工作条件，比裂变堆中的结构材料的工作条件更加苛刻。

由于聚变反应室壁难以更换，为了满足核反应堆运行的要求，人们希望反应室壁能长期工作，甚至工作到混合堆退役。这就需要特殊的材料作为这种反应堆的反应室壁，但是目前这种材料还没有找到。因此研制反应室壁的结构材料和研究冷却剂对它的腐蚀，是实现混合堆正常运转的重要课题。

对于磁约束的混合堆来说，如果采用液态锂作为冷却剂，由于它在强磁场中的磁流体阻力，要消耗大量的泵功率来驱使它流动，但是这将严重影响混合堆经济性的改善。

一般情况下，混合堆的裂变包层靠近聚变反应室一侧，由于中子通量高，因而功率比另一侧高得多。与裂变反应堆相比，混合堆裂变包层的功率分布的梯度大得多，而且功率分布不均匀，这就给混合堆的运行造成了困难。

由于上述原因，不少学者认为，混合堆不仅将聚变堆和裂变堆的优点结合在一起，也将两者的缺点结合在了一起。有的学者甚至认为，实现混合堆的运作比纯聚变堆还困难。但无论存在着怎样的困难，混合堆仍然是一个可供考虑的途径。

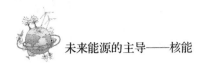

第四节　核动力，走得更深远

核能除了可以发电之外，还可以用作其他的动力。而且由于核能能量密度很大，只需要携带很少就能提供很大的能量，因而核动力续航能力更强，这个特点决定了核能可以用在一些特殊的领域，特别是常规能源难以长时间使用的地方，比如潜艇和太空飞行器等。

一、核潜艇

潜艇是一种可以独立在水下航行和工作的一种舰艇，通常为军用。也有的潜艇用于科研、观光或者旅游等相关用途。

核潜艇，是潜艇中的一种类型，是以核反应堆为动力来源的潜艇，是核动力潜艇的简称。也就是说核潜艇是以核反应堆为动力来源设计的潜艇。由于这种潜艇的生产工艺更加复杂，操作要求也比较高，加上相关设备的体积与重量，导致目前只有军用潜艇才会采用这种动力来源。核潜艇水下续航能力能达到 20 万海里，自持力甚至可以达到 90 天。

世界上第一艘核潜艇是美国研制出来的"鹦鹉螺"号。1946

年，以海曼·乔治·里科弗为首的科学家开始研究舰艇用的原子能反应堆，也就是后来潜艇上使用的压水反应堆。海曼·乔治·里科弗后来被称为"核潜艇之父"。1954年1月24日"鹦鹉螺"号开始试航，"鹦鹉螺"号标志着核动力潜艇的诞生。

自从"鹦鹉螺"号诞生以来，核潜艇受到了世界各个大国的追捧。2013年公开宣称拥有核潜艇的国家有6个，分别是美国、俄罗斯、中国、英国、法国、印度。其中美国和俄罗斯拥有的核潜艇数量最多。

一般，按照任务与武器装备的不同，核潜艇可分以下几类：攻击型核潜艇是一种以鱼雷为主要武器的核潜艇，这类核潜艇用于攻击对方的水面舰船和水下潜艇；弹道导弹核潜艇以弹道导弹为主要武器，也装备有可以自卫的鱼雷以及其他设施等，用于攻击战略目标；巡航导弹核潜艇，主要武器是巡航导弹，这类核潜艇用于实施战役、战术攻击。

"鹦鹉螺"号核潜艇于1952年6月开工制造，首次试航便充分显示了核潜艇的优越性，它比较安静，人们也听不到常规潜艇特有的那种轰隆隆的噪声，核潜艇上的操作人员甚至没有觉察出与在水面上航行有什么不同，更为惊奇的是，"鹦鹉螺"号84小时潜航了1300千米，这个航程大约相当于以前任何一艘常规潜艇的最大航程的10倍左右。

1955年7月到8月间，"鹦鹉螺"号和几艘常规潜艇一起参加反潜舰队训练，在演习中，常规潜艇很容易就被发现了，而核潜艇则很难被发现。而且，核潜艇即使被发现了，它的高速度也可以使之顺利摆脱追击。

到1957年4月，"鹦鹉螺"号在没有补充燃料的情况下持续航行了11万余千米，其中大部分时间是在水下航行。由于核潜

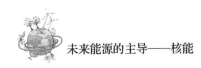

艇的续航力大，用不着浮出水面，因而能更好地避免空中袭击。

1958 年 8 月，"鹦鹉螺"号完成了从冰层下穿越北冰洋冰冠，从太平洋驶向大西洋的壮举，这是常规动力潜艇无法完成的。

和常规潜艇一样，核潜艇也会出现事故，下面按照时间列出了核潜艇利用史上的事故，用以警醒世人。

1963 年 4 月，美国"长尾鲨"号核动力潜艇沉没在美国科德角附近海域，成为世界上第一艘失事核潜艇。这次事故导致 129 人遇难。

1967 年，英国贝尔金海德造船厂第一代攻击型核潜艇 105 号进水沉没。

1968 年，在前往加纳利群岛途中，美国"天蝎"号核潜艇沉没在大西洋中部海域，导致核潜艇上所有的 99 名人员全部遇难。

1968 年 4 月，因水银蒸汽使艇员全部中毒，苏联编号为 K-172 的 E-II 级导弹核潜艇在地中海沉没，上面的 90 名人员全部遇难。

1970 年 4 月，在西班牙附近海域，苏联一艘核潜艇沉没，导致 88 人死亡。

1989 年 4 月，在巴伦支海，苏联 M 级"共青团员"号攻击型核潜艇起火后沉没，这次事故导致 42 人遇难。

1994 年 3 月 30 日，在地中海海域，法国海军"绿宝石"号核潜艇航行过程中，后舱涡轮发电机室发生爆炸，导致 10 人死亡。

2000 年 8 月 12 日，俄罗斯海军"库尔斯克"号核潜艇在参加军事演习时，鱼雷中的过氧化氢燃料发生爆炸，导致"库尔斯克"号核潜艇沉没，核潜艇上的 118 名人员全部死亡。

2006 年 9 月 6 日，在巴伦支海，俄罗斯海军北方舰队一艘核潜艇失火，两名官兵因此丧生。

2007 年 3 月 21 日，英国海军"不懈"号核潜艇的备用空气净化系统爆炸，导致了两死一伤。

2008 年 11 月 8 日，在太平洋海域，俄罗斯海军编号为 K-152 的核潜艇试航时灭火系统出现故障，导致 20 多人死亡，另有 21 人受伤。

2011 年 12 月 29 日，俄罗斯一个核潜艇维修船坞起火，导致一艘 Delta-IV 级核潜艇的外壳起火。所幸潜艇内部没有受损，不存在放射性物质泄漏的危险。

二、核动力卫星

核电源工作时间长，性能可靠，而且能提供较大的功率。与太阳电池电源相比，核电源适应环境能力更强。更重要的是，由于在卫星外部没有伸展开的大面积的太阳能电池翼，核动力卫星在低轨道飞行时大气阻力较小。使用核电源，在空间战中就能提高卫星的生存能力。核电源适用于某些军用卫星和行星探测器。核动力卫星就是使用核电源的人造地球卫星。

但是，由于卫星坠毁时会对大气和地球造成一定程度的放射性污染，核电源的使用要考虑安全方面的因素。

核动力卫星使用的核电源有两类：放射性同位素温差发电器和核反应堆电源。前者功率较小，为几十至几百瓦。后者功率较大，可达数千瓦至数十千瓦。

例如，1965 年，美国发射的一颗军用卫星中，就采用了核反应堆温差发电器电源。而苏联在 1967—1982 年共发射了 24 颗核动力卫星，这些核动力卫星都属于海洋监视卫星。它们带有以

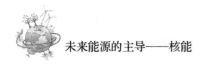
浓缩铀-235 为燃料的热离子反应堆，功率大致在 5~10 千瓦之间。在 200 多千米的低轨道运行。

随着人类的科技越来越发达，深空旅行已经可以实现。但是，距离遥远，就需要更加强大的能源作为推动力。在外行星探测中，难以利用太阳电池发电，核电源就是一个理想的选择。

三、核动力飞船

现在卫星的发射离不了火箭，但是，现阶段还是化学火箭的天下，也就是使用化学燃料作为火箭的推动力。化学火箭缺点众多，但是推动力巨大，因此还将在很长一段时间内被人们使用。核动力飞船计划的最终目的就是进行更深远的太空探索。简单地说，核动力飞船是以核能为动力的。与化学火箭相比，核动力飞船的性能更加优越。

目前广泛使用的化学燃料的火箭推动力虽然很大，但持续力太低，所以每次发射火箭必须寻找到合适的发射窗口，以便利用行星的引力来让火箭加速，不仅节省燃料，而且使得它们能真正飞往宇宙深处。而核动力的飞船和以核动力作为动力的空间探测器由于推力强大，就可以不必利用行星的引力，更不必在航线的选择上费尽心机，所以说核动力飞船是未来航天业发展的一大趋势。

一般来讲，核动力飞船对于核动力的利用方式有三种：

第一种方法：由于太空没有水或者空气作为介质，因此不能采用螺旋桨而必须用喷气的方式作为推动手段。反应堆中原子核裂变或者聚变产生大量热能，注入推进剂（如液态氢），推进剂就会受热迅速膨胀，然后从飞行器尾部高速喷出，产生推力。这种方法目前是比较容易实现的。

第二种方法：核反应过程中会产生很多高能离子，这些高能粒子移动速度非常快，这时就可以使用磁场来控制它们的喷射方向，从而使火箭产生反冲运动。这种推动方法的优点是，无须携带任何介质，持续性更强，而且推动力更大。

第三种方法是一个大胆而疯狂的方式，利用的是核爆炸的能量，而不再是利用受控的核反应。利用核爆炸来推动飞船已经舍弃了发动机，因而这种飞行器被称为核脉冲火箭。它携带大量的低当量原子弹，一颗颗地抛在身后，然后将它们引爆，飞船后面再安装一个推进盘，用它吸收爆炸的冲击波，推动飞船前进。

第五节　受控热核：能量超乎想象

原子核的变化可以分为两种形式，一种是核裂变，一种是核聚变。目前，人们利用的核能，无论是核电站还是核动力，大多数来自于核裂变。因为核聚变需要很高的反应温度，人们一般把核聚变称为热核反应。核聚变没有大规模为人所利用的原因是难以人为控制。但是，核聚变相比于核裂变来讲，具有更难以想象的能量和更多的优势。人为控制的热核反应，是各国科学家研究的前沿尖端课题。

可以说，如果人们能够攻克可控核聚变技术这个难题，那么，可控核聚变将照亮人类能源的未来之路。

一、天然的核聚变体——太阳

我们知道，太阳已经存在了几十亿年，太阳每天向宇宙中放出大量的光和热。

太阳能源来自于它直径不到 50 万千米的核心部分。其核心的温度高达 1500 万摄氏度，压力极大，有 2500 亿个大气压。在这样高温、高压条件下，产生核聚变反应，每 4 个氢原子核结合成一个氦原子核。在这个核聚变过程中，太阳要损耗一些质量而释放出大量的能量。使太阳发光的就是这种能量。太阳每秒钟由于核聚变而损耗的质量大约为 400 万吨。按照这样的消耗速度，太阳在 50 亿年的漫长时间中，只消耗了 0.03% 的质量。

二、人工热核反应

核聚变是将平均结合能较小的轻核（如氘和氚）在一定条件下聚合一个较重的平均结合能较大的原子核，同时释放出巨大的能量。由于原子核间有很强的静电排斥力，一般条件下发生核聚变的概率很小，只有在几千万摄氏度的超高温下，轻核才有足够的动能去克服静电斥力而发生持续的核聚变。由于超高温是核聚变发生必需的外部条件，所以又称核聚变为热核反应。

只有一些较轻的原子核（如氢、氘、氚、氦、锂等）才容易释放出聚变能。这是由于原子核的静电斥力同其所带电荷的乘积成正比，所以原子序数越小，质子数越少，聚合所需的动能（即温度）就越低。聚变反应释放的能量是铀裂变反应的 5 倍。由于核聚变要求很高的温度，目前只有在氢弹爆炸和由加速器产生的高能粒子碰撞中才能实现。使聚变能持续地释放，成为人类可控制的能源，这是人们美好的希望。

人工热核反应早已实现，氢弹（由原子弹爆炸产生高温高压来达到氘-氚聚变的条件）就是不受控的热核反应。使聚变能可控、持续地释放，是目前全世界面临的一个重大课题。

核聚变材料的来源也比较广，海水中大约每 6700 个氢原子中有一个氘原子，海水中氘的总量有大约 45 万亿吨，每升海水中含有 30 毫克的氘，这些氘发生聚变所释放的能量相当于 300 升汽油燃烧所放出的能量，即一升海水"燃烧"的能量等于 300 升汽油，所以核聚变可以说是一种存量相当巨大的新能源。

受控热核反应发电与受控核裂变反应发电相比，受控热核反应发电具有四种优点：热核反应以海水中的氘为燃料，可供人类应用 50 亿年；热核反应的燃料便宜，可使发电成本大为降低；热核反应不会发生反应堆失控事故，也没有裂变产物污染环境的问题；有可能实现能量直接转换，将热效率提高到 90% 左右，热污染大大减少。

核聚变的发生为什么没有核裂变容易呢？

这是因为核聚变是由两种聚变材料的原子核相碰撞后发生的，由于原子核都带正电，"同性相斥"原理使得两个原子核很难碰撞在一起，这是核聚变难以发生的根本原因。

为了使聚变得以发生，要克服静电斥力，就要使原子具有极高的平均动能，使原子核的运动速度提高到每秒几千到一万千米，这需要几千万度甚至上亿度的高温，甚至这个温度远高于太阳表面 6000 摄氏度和太阳中心 1300 万摄氏度的水平。所以要得到自持的聚变反应，必须将温度升高到临界点火温度以上。

对于氘-氚反应，临界点火温度为 4400 万摄氏度，反应堆最低运行温度为 1 亿摄氏度左右。对于纯氘反应，临界点火温度约为 2 亿摄氏度，反应堆的运行温度约为 5 亿摄氏度。在如此高的温度和运动动能下，所有核聚变材料已经成为带正电的原子核和带负电的自由电子组成的高度电离的气体，人们把这些称为等离子体。

目前，产生受控热核反应的实验装置有两大类：

第一类是惯性约束装置，也就是不用特殊方法维持或约束等离子体的装置。用激光束或电子束、离子束等照射固态氘或其他燃料制成的小球靶，在对称激光束的照射下，小球靶就会向中心爆聚。当小球靶的温度高于1亿摄氏度并且密度比固体高几千倍以上时，就会产生受控热核反应。实质上，这种受控热核反应在某种程度上相当于微型氢弹爆炸，而"惯性约束"意味着不约束。

惯性约束涉及很多等离子体动力学的问题，如激波加热问题等。在爆聚过程中，如果只有单个激波，最大压缩时的密度只能增加3倍；如果对激光束的输出功率进行调制，使等离子体产生一系列激波，并在所要求的时间内同时收缩到中心（靶心），则可使密度增大1000倍。而要达到这种效果，差不多需要7个激波。这样的控制，目前已在实验室中实现。

惯性约束中的等离子体稳定性问题也是等离子体动力学研究的问题之一。由于爆聚过程相当于轻流体驱动重流体作加速运动，会产生不稳定性。造成的后果是不仅使爆聚失去对称性，影响压缩比，而且会产生强烈混合，降低燃烧率。这是激光核聚变走向实现途径的主要障碍之一。

第二类磁约束装置，也就是用强磁场使高温等离子体与容器器壁隔开的装置，有托卡马克（见磁流体静力学）、磁镜、仿星器和角箍缩等。托卡马克是研究得最普遍的一种，实验数据也比较合理。

若想实现受控热核反应，必须满足温度和等离子体密度及约束时间这两个基本条件。

托卡马克堆是目前来讲比较可行的方式。关于托卡马克，前文已经有相关的介绍，这里不再赘述。由于等离子体的粒子带电，强大的磁场能使它箍缩起来使用，托卡马克系统就是利用环形磁场——磁约束法来达到这一目的。如果能够利用某些金属在

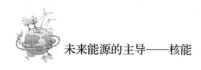
低温下的超导性，则可使磁场保持恒定而不衰减。

三、核聚变能的优点

我们知道，核能释放的形式是核裂变与核聚变。核聚变是两个较轻的原子核结合成一个较重的原子核的核反应过程。聚变反应会放出比裂变反应更大的能量。从单位质量来看，聚变释能是裂变释能的5倍左右。由此可见，核聚变能是更加强大的能源。但是，核聚变的条件也比较苛刻，因为难以获得几千万度的高温，所以人类在很长的一段时间里未能实现热核聚变反应。在原子弹出现之后，在原子弹的爆炸中心能够产生几千万摄氏度的高温，这样才有了引发人工热核聚变反应的可能性。

原子核的裂变能是一种强大的能源，它的出现使人们在解决能源问题上向前迈出了很大一步。但裂变能由于会产生难以处理的放射性废物以及有限的资源，所以，核裂变能并不能算作最理想的能源。目前还没有更好的办法处理核废料，一般处理核废物的方法是，先将核废物放入铅容器，然后运往填埋地或直接投入海底深处，但是这样做对人类的未来有很大的威胁。

而核聚变相比之下则有如下优点：

第一，核聚变能是取之不尽、用之不竭的能源。因为核聚变燃料在地球上的蕴量极为丰富，足够人类用上几亿年。裂变燃料来自铀和钍，这些矿藏估计只可以用数百年。现在，裂变核电站主要以铀-235为燃料。但是，天然的铀-235的资源是有限的。而且价格比较贵。

从世界的勘探情况看，这类资源在地球上分布很不均匀而且矿产品位很低，可以说资源匮乏，以致造成开采困难。而聚变燃料的生产就比较简单。海水是比较容易得到的，从海水中提取氘，可以既不用采矿也不用挖井，只要让海水流经提炼工厂就可将它们方便而经济地提取出来。

第二，聚变燃料的释能的量比裂变燃料大得多，化石燃料与之相比更是望尘莫及。到目前为止，还没有发现任何一种燃料有比聚变燃料还要大的释能本领。

第三，与核裂变堆相比，未来的聚变堆运行更安全。一般来说，现代的核电站具有比较高的安全系数，运行的安全性是能够得到保证的。根据人们的研究及实践，核电工业的风险要比其他能源工业的风险小得多。但是虽然风险小，然而一旦导致核反应堆元件熔化、放射性物质外溢，后果却会极其严重，核泄漏的事故还是会发生的，比如切尔诺贝利事故和福岛第一核电站事故。

与裂变堆不同的是，聚变堆只含有少量的燃料（1毫克或者0.01克），而且聚变反应是靠高温来维持进行的，一旦系统失灵，高温条件无法维持下去，聚变反应就会自动终止，因此不会发生像裂变堆那样严重的核事故。

第四，聚变能是相当清洁的能源。首先，核聚变电站与核裂变电站一样，不会产生常规化石燃料电站释放的二氧化碳和氧化氮之类的燃烧产物；其次，裂变堆在运行中会产生大量的强放射性裂变产物，其中某些产物的寿命又特别长，因此必须对它们进行安全处理，绝对不能让它们泄漏到环境中去。核聚变电站仅产生放射性氚，而氚的寿命为12.3年，毒性比较小。

第五，核聚变反应还能产生大量的高能中子，高能中子有广泛的应用。

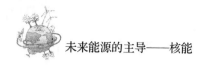

第六，核聚变能还可以用来生产代替石油的合成燃料、稀有金属和用作宇宙空间航行器的推动力。总之，核聚变比核裂变能量更大，更加清洁、也更加安全。

四、国家点火装置

我们知道，核聚变反应相对于核裂变反应来讲，能量密度更大，更清洁，也更加安全。

基于核聚变的这些特点，各个国家都在努力开发核聚变能，希望有朝一日实现利用核聚变能发电。美国科学家研制了世界最大的激光核聚变装置——国家点火装置。这个被称为"人造太阳"的装置能够产生类似恒星内核的高温和高压，保证核聚变的顺利进行。

国家点火装置建设也是基于这样的初衷：尽管核聚变是一种核子过程，但是核聚变与核裂变反应的过程不同，核聚变的能量密度更大。而且核聚变反应不产生放射性副产品。而且，核聚变的材料氘是从海水里萃取出来的，氚则来自金属锂。从能量来讲，一加仑海水可提供相当于300加仑汽油产生的能量，50杯海水产生的燃料所含的能量，相当于2吨煤。

核聚变电站不会产生大量的二氧化碳，不会引起温室效应。即使核聚变电站的核反应堆产生失控或"坍塌"的状况，也不会造成大面积的核污染，因而也就不会对环境带来危险。总之，核聚变能对环境和经济都有利。美国建造国家点火装置只是实现目标的第一步，要达成最终目标，科研人员还要进行更多研究和技术开发。

国家点火装置是一个面积相当于足球场 3 倍的 10 层楼高的建筑物，是美国能源部国家核军工管理局对于核聚变能应用一个构想，也是目前世界上最大的激光科学研究项目。

国家点火装置控制室是模仿得克萨斯州休斯敦美国宇航局的任务控制中心设计建造的，它是最复杂的自动控制系统之一。

国家点火装置内部是 130 吨重的目标靶室，192 个激光器发射的中子可以引发核聚变反应。靶室直径是 10 米，用 30 厘米厚的混凝土掩埋，使 192 束激光可以进入靶室内。这一过程被称作正在进行的惯性约束核聚变，一旦反应堆被点燃，它将产生空前高温和高压，甚至超过 1 亿华氏度（1 华氏度 ≈ −17.2 摄氏度），内部压力超过地球大气压的 1000 亿倍。这些条件和环境更像是恒星和巨型行星核心的环境。

国家点火装置的相关专家估计，核聚变发电站原型预计在 2020 年开始运行，2050 年的时候，美国将有几乎四分之一的能量来自于核聚变能。

第七章 核威胁，并非空穴来风

在第二次世界大战后期，美国于日本广岛和长崎向全世界人们展示了"核威胁"的真正恐惧面目。构成核威胁的核武器本身具有非常巨大的破坏力，与其说它会改变未来全球性战争的进程，倒不如说它在现实国际政治斗争中已经构成了日益严重的威胁。

20 世纪 70 年代末，美国宣布研制成功中子弹，称其最适合在战场上使用，属于战术核武器范畴。但随之而来的，几乎是世界范围的强烈反对。从这一事例可以看出，人们已经逐渐意识到核武器对人类社会发展带来的巨大威胁。

第一节　科学认识放射性物质

某些物质的原子核能发生衰变，放出我们肉眼看不见也感觉不到，只能用专门的仪器才能探测到的射线，这种物质叫放射性物质。放射性物质是那些能自然地向外辐射能量，发出射线的物质。一般都是原子质量很高的金属，像钚、铀等。放射性物质放出的射线有三种，它们分别是 α 射线、β 射线和 γ 射线。

一、放射性物质

放射性物质分别为 α 射线、β 射线和 γ 射线。α 粒子是氦原子核，这种粒子质量大且带电荷多，穿透物质的能力较弱，且射程短，在空气中的射程为 3~4 厘米，在水、纸张、生物组织中的射程为几十微米，一件工作服就足以阻挡。

但 α 粒子的电离本领非常大，一旦进入人体，会造成危害性很大的内照射（放射性物质进入生物体内所引起的照射），其主要途径是通过饮食、呼吸和皮肤创口渗入等，在防护上要特别注意防止内照射。

β 射线是高速电子，具有较强的穿透能力，在空气中的射程可达几米远。能量为 70 千电子伏特的 β 射线就能穿透人体皮肤角质层而使活组织受到损伤。因此，β 射线对人体可以构成外照射危害。但它很容易被有机玻璃、塑料以及铝板等材料屏蔽。其内照射危害比 α 射线小。

γ 射线同 X 射线一样由光子组成，在 α、β 和 γ 三种射线中，γ 射线的穿透能力最强，一个能量为 1 兆电子伏特的 γ 射线就可以穿透人体。因此，外照射防护中，对 γ 射线的防护最重要。但由于 γ 射线是不带电的光子，它不能直接引起电离，所以对人体的内照射危害会比较小。

中子本身不带电荷，但一旦射入生物组织中，会与其他原子核发生反应，产生 α、β 带电粒子和 γ 射线等，引起组织的严重损伤。

二、放射性物质的危害

放射性物质会给生物体带来巨大的伤害，可以通过口腔、皮肤的伤口和消化道吸收进入体内，引起内辐射。外辐射可穿透一定距离被机体吸收，使人员受到外照射伤害。放射病的症状有疲劳、头昏、失眠、皮肤发红、溃疡、脱发、白血病、呕吐、腹泻等。有时还会增加癌症、畸变、遗传性病变发生率，影响后代的健康。

一般来讲，人体所受的辐射能量越多，其放射病的症状就越严重，致癌、致畸风险也随之增加。

具体而言，辐射病造成的轻度损伤，可能发生乏力、不适、食欲减退的症状。中度损伤，可能引起中度急性放射病，出现头昏、乏力、恶心、呕吐、白细胞数下降等症状。重度损伤，能引起重度急性放射病，即使经过治疗，但受照者的损伤大于50%的可能在30天内死亡，其余是部分可得到恢复。极重度损伤引起的极重度放射性病，会发生多次呕吐和腹泻、休克、白细胞数急剧下降，死亡率非常高。

三、无处不在的射线

辐射的确会带给人类无尽的和不可逆转的伤害。所以，对于不必要的辐射进行适当的防护是人们保护自己最重要的手段。然而，辐射并不是极端可怕的。其实，人类每时每刻都会受到 α、β 和 γ 射线的照射，人类一直生活在一个随处充满辐射的环境中。尽管如此，人体最大限度只能耐受一次 0.25 希沃特的集中照射。

在日常生活中，辐射来自宇宙和人类自身的活动。存在于水、大气、土壤（岩石）和食物中。地球上大多数人受到的天然辐射剂量约为 1 毫希沃特/年。这些辐射主要来自宇宙射线、地壳、空气、水、人体内部、人类活动。

宇宙射线可分为初级宇宙射线（来自银河系、太阳系等星体的射线，主要是高能粒子，如质子、α 粒子、电子和其他多电荷粒子，其能量可高达 $10^9 \sim 10^{19}$ 电子伏特）和次级宇宙射线（即初级宇宙射线进入地球大气层，与大气气体的原子核发生反应后产生的介子、中子和 γ 射线、高能电子等）。

宇宙射线的强度随海拔的高度和地球纬度的变化差异显著，海平面为 0.28 毫希沃特/年。每增高 50 米增加 0.01 毫希沃特/

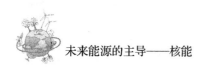

年，当海拔高度为 20 千米时，达到最大值。高纬度比低纬度的强度大，中纬度（50°）海平面上的宇宙射线强度为 0.5 毫希沃特/年。

当人类受到来自地壳的放射性辐射剂量为 0.29~1.30 毫希沃特/年，随不同地区和不同地质构造而变。地壳中的放射性主要来自于铀系和钍系，以及同位素碳-14 和钾-40。

花岗岩中的放射性活度很高，含有机物的页岩中的放射性活度也比较高，石灰岩中的放射性活度较低。居住在花岗岩地带的人所受的辐射为 1.2 毫希沃特/年。

空气中的反射性主要来自于地面扩散出来的氡-222 和钍（钍-232）射线，对人体的辐照剂量当量约为 0.045 毫希沃特/年，受地域影响很大，矿井或洞穴内要比地面大气高 5 个量级。

土壤、岩石中的放射性会溶于水中，无论是地表水还是地下水或海水都含有放射性。海水中的放射性比淡水高。

人类生存环境中的放射性可直接或间接进入人体。人体内的放射性剂量为 0.15~0.20 毫希沃特/年。

在现代社会中，人类经常会受到各种人工辐射源的辐射，如看电视、乘飞机、吸烟、拍 X 光片等。据估计，做肠胃系统的 X 光造影，受到的辐射剂量可能超过 4.25 毫希沃特/年。统计人类所受到的有效辐射剂量中，约有 49.5%来自氡气及其衰变子体、17.5%来自陆地 γ 射线、15%来自宇宙射线、7%来自辐射医疗、1%来自其他人为辐射照射、10%来自人体内的钾-40 等。

四、辐射是把双刃剑

原子弹的爆炸，让人们惊恐地看到了辐射带给人们的巨大伤害。但是，我们需要了解的是，辐射并不完全是有害的，辐射还可以帮助人们做很多事情。

利用放射性同位素衰变而放出的射线，可以探测物质内部结构及其运动状态，放射性示踪、物质成分分析与工业产品的生产监控都可以看到辐射的应用。在钢铁、石油、水泥等工业中，被广泛使用的同位素仪器仪表，利用射线可以在不破坏内部结构的情况下，得到所需的检测结果，被称作"不接触、无损害"的检测。

我国的辐射化工产品有 20 多类 300 多种，形成了热收缩材料、辐射交联电线电缆和辐射乳液聚合三大支柱产业。经过射线照射后的聚乙烯电缆，与普通电缆相比，阻燃性、载流量、绝缘性能和使用寿命都显著提高，这种电缆已广泛应用于机场等特殊场所的照明。

在人类和疾病的斗争中，核辐射可以帮助医生直观地对人体内的状况进行检查，并开展治疗工作。

利用射线的破坏作用治疗肿瘤，常见的大都采用 γ 射线（钴-60 源，铯-137 源）或高能电子（由电子加速器产生）作为外用辐射源进行治疗，目前已发展到可以利用中子治疗和 π 介子治疗。

另一种方法是将辐射源置于体内进行治疗。近年来，全国开展核医学工作的医疗单位已有 1200 余家，每年有 2000 多万人次

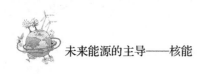

接受诊断和治疗，治疗癌症病人 250 万人次。

辐射还可以用于食品保鲜。食品辐照保鲜技术独具的冷加工杀菌特点，不仅可以使马铃薯、洋葱、大蒜在常温下可以抑制发芽，并且保存长达 8 个月之久，还可以延长货架期、杀虫灭菌、进行检疫处理等。

五、辐射育种的发展历程

辐射并不总是带来伤害。辐射也可以以自己的特殊能力给人们创造奇迹。1927 年，美国科学家马勒发现了 X 射线能够诱发果蝇产生大量多种类型的突变。20 世纪 40 年代初，德国两位科学家利用诱变剂在植物上获得有益突变体。自此以来，至 20 世纪 60 年代前辐射诱变研究进展并不快，但是人们不断地改变自己的做法，求得更大的改进。

20 世纪 70 年代，人们将诱变育种的注意力逐渐转至抗病育种、品质育种和突变体的杂交利用上，20 世纪 80 年代后分子遗传学和分子生物学的广泛应用为诱变育种开辟了新的途径，特别是 20 世纪 90 年代，分子标记方法的运用，使实际品种的定向诱变有了可能。

辐射技术在农业育种上应用以来，在 20 世纪经历了一个突飞猛进的发展过程，已经产生了巨大的社会效益和经济效益。例如，1934 年，印尼科学家托伦纳利用 X 射线照射烟草，培育成功了烟草新品种，开创了农作物辐射育种的新纪元。1958 年，美国国家原子能实验中心开展了大规模田间辐射育种研究。日本用射线对水稻"农林 8 号"进行田间照射，获得 545 个突变体，提高了蛋白质的含量。

1964 年，美国利用热中子辐射，培育出抗倒伏、早熟、高产的"路易斯"软粒小麦。1986 年意大利用热中子辐射培育出抗倒伏、丰产的硬粒小麦。苏联育成的"新西伯利亚 67"小麦良种，具有抗寒、早熟、优质的特点。日本育成的矮秆抗倒伏水稻良种，年收益在 10 亿日元以上。美国育成的抗枯萎病的胡椒和薄荷良种，几乎占据全美栽种面积，年产值达 2000 万美元。法国水稻良种"岱尔塔"等均有很大的经济意义。

我国的辐射育种起步于 1958 年，起步晚但成绩巨大，育成的品种数与推广面积均居世界领先地位。

我国自 20 世纪 50 年代后半叶以来，已先后育成水稻、小麦、大豆等各种作物品种品系 20 多个，其中用射线照射"南大2419"育成良种"鄂麦 6 号"。用射线照射"科字 6 号"获得优良稻种"原丰早"使成熟期提早 45 天。20 世纪 80 年代以来定向控制突变成为辐射育种工作的中心课题。20 世纪 90 年代，辐射育种进入了一个更加快速的发展阶段。

我国采用辐射育种方法以及辐射育种与其他育种方法相结合，选育出大面积推广应用的植物良种达数百个，年增产粮食 30 亿~40 亿千克，皮棉 4 亿~4.5 亿千克，油料 2.5 亿~3 亿千克，经济效益达 30 亿~40 亿元。

获得国家一等发明奖的"鲁棉一号"棉花，"原丰早"水稻和"铁丰 18 号"大豆等均是用辐射育种的方法育成的。玉米"鲁原 4 号"、小麦"山东辐 63"等数十个品种均在国内外具有很大的影响。

另外，还有 1995 年选育成功的三系杂交水稻"Ⅱ优 838"和两系杂交稻父本"扬稻 6 号"，其组合推广面积均达到千万公顷，

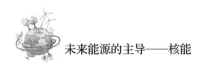

对我国水稻生产的发展起到了巨大作用。

六、剖析辐射育种

辐射育种是近年来发展起来的一种新奇的种植技术。它利用各种射线（如 X 射线、中子等）照射农作物的种子、植株或某些器官和组织，促使它们产生各种变异，再从中选择需要的可遗传优良变异，培育成新的优良品种。

我们知道，射线之所以能够对人体造成伤害，有一点就是因为有的射线具有很高的能量和极强的穿透力，种子经过这样的射线照射之后，种子细胞内的染色体就会发生断裂，甚至染色体的位置、结构和基因分子也会发生变化。而我们知道，各种生物包括农作物的各种特性都是由染色体的基因分子决定的。所以，一方面，种子细胞经过射线照射后的染色体基因发生变化的结果，就会导致生物体的特性发生相应的变化；另一方面，射线照射还可以引起与细胞质有关的遗传性核外变异。这两种作用的综合作用使经过辐射的种子萌发出来的植株会发生比较奇异的改变，而这些变化有的是有利于人类的。

经过这样处理的青红椒的种子，一个青椒的重量可以达到500 克。这是自然的种子难以达到的。一棵玉米能够结出 7 个玉米棒子，更是自然生长的玉米难以做到的。黄瓜甚至可以长到半米高。而美丽的花卉也都发生了神话般的各种变异，"一串红"花本是一串串地开花，但是经过射线照射的"一串红"的种子，可以满株开花，如同一座小塔。"万寿菊"本是单层的四瓣花，经过射线处理的种子长出来的植株，开出的花却变成了多层的六瓣花。

各种变化不一而同，由此看来，只要科学利用核技术，特别是人们谈之色变的射线，不仅不会发生惨绝人寰的灾难，而且还能创造出难以想象的奇迹。

小资料：辐照杀虫和辐照休眠

辐射对生物体是有伤害的。但是我们没有必要将辐射这种现象全盘否定。相反，我们可以利用辐射对生物有伤害的特性，对付人类的敌人——各种害虫。辐射杀虫分为直接杀死法和通过辐照使害虫不育，这两点都可以达到消灭害虫的目的。

导致食品腐败变质，引发食源性疾病，影响食品安全的主要敌人是微生物，尤其是致病微生物。因此，要想保鲜食品，就要合理控制微生物。方法有物理法和化学法。化学法主要是在食品中加入各种防腐剂，但是这种方法存在致命的缺陷：这就是防腐剂在抑制细菌滋生的同时，也会危害人体的健康。

而物理法中的辐照杀菌法则是一种杀菌彻底而无任何残留的方法。辐照杀菌分为选择性杀菌、针对性杀菌、辐射灭菌等几类。选择性杀菌是通过辐照减少现存细菌的数量而达到减少腐败的目的；针对性杀菌指利用电离辐射杀死除病毒以外的各种致病菌，如沙门氏菌、李斯特菌、志贺氏菌等；辐射灭菌可以消灭食品中所有的微生物，达到细菌总数和致病菌为零的目的。这种过程要求辐照的剂量很高。

在农产品、食品进出口贸易中，辐照检疫是一个利器。为了解决因昆虫造成的生物入侵，各国都规定了进口产品中禁止携带危害程度严重的昆虫。以前都采用化学药剂处理的办法来杀死这些昆虫，以保证通过检疫，但近年来，人们发现化学方法在产品中有残留。所以，采用了辐照技术杀死害虫，这样处理的商品更加安全、可靠，而且不破坏原包装，因此，越来越受到人们的重视。

人们还发现，利用一定的辐照剂量，可以使某些植物的发芽机理受到抑制。比如，辐照处理的大蒜、马铃薯等块茎植物不致因发芽而损耗养分，影响出售。另外，水果、菜类通过一定剂量的辐照后，新陈代谢和呼吸代谢就会受到抑制，或者推迟成熟，延长贮藏周期乃至上市期，以便错开上市高峰，取得更大的经济效益。

第二节　"小男孩"，以灾难震惊世界

在第二次世界大战期间，美国研制的原子弹"小男孩"在日本的城市广岛爆炸，引发了大量的伤亡。"小男孩"在广岛爆炸的瞬间，爆炸现场达到了数十万个大气压，引发了极为强烈的冲击波和气浪。而且巨大能量的瞬间释放，导致被灼伤的人不计其数。爆炸中心的风速大约是440米/秒，相当于12级台风的风速的10倍。超音速的风和巨大的冲击波一起向外扩散，将各种建筑一扫而光。"小男孩"爆炸之后的景象犹如世界末日。原子弹，就是以这样的方式震惊了世界。

一、曼哈顿计划

在第二次世界大战正在进行的时候，由美国领头，英国、加拿大等相关国家参与，共同进行核武器的研究工作。并且不久之后，造出了人类历史上第一颗原子弹。这就是曼哈顿计划。曼哈顿计划是为第二次世界大战的胜利服务的一项军事工程。

在1942年到1946年间，美国陆军工程兵团的莱斯利·格罗夫少将领导实施了曼哈顿计划。美国物理学家罗伯特·奥本海默担任曼哈顿计划的负责人。曼哈顿计划的经费是 20 亿美元。曼哈顿计划得到了当时的美国总统富兰克林·罗斯福的支持。

其实，曼哈顿计划早在 1939 年就秘密地开始准备了，动员了超过 13 万人参与整个计划，付出了将近 20 亿美元的经济代价。这其中，有多于九成的金钱花费在了建造工厂和制造核裂变的原材料上面，其他部分用于制造和发展武器。曼哈顿计划不止在美国进行开发研究，而且在美国之外的约有 30 个城市设置了相关的秘密地点，当时的协约国英国和加拿大都有曼哈顿计划的秘密研制地点。

1941 年 12 月 7 日，日本偷袭了美国的军事基地珍珠港，美国被迫对日宣战，自此正式卷入"二战"的洪流中。同时，希特勒统治下的纳粹德国已经开始了核武器开发计划——"铀计划"，希特勒的目的也是制造出核武器，以便更好地实现自己的野心。一些认识到核武器的可怕的美国科学家提出，要赶在纳粹德国之前研发出原子弹。于是，曼哈顿计划紧锣密鼓地实施。

在物理学家费米的指导下，1942 年 12 月 2 日，世界上第一个实验性原子反应堆在芝加哥建成，第一次成功实现了可控的链式反应。为核武器的最终应用奠定了基础。

1943 年春，在这个基础上，奥本海默领导科研人员开始了制造原子弹的进程。

1944 年，美国橡树岭工厂生产出了第一批浓缩铀原材料。

1945 年 7 月 12 日，第一颗实验性原子弹基本完成，进入了最后的装配阶段。

1945 年 7 月 16 日，在新墨西哥州的沙漠中，美国的第一颗原子弹试爆成功，爆炸当量相当于 21 000 吨 TNT（三硝基甲苯，又称为黄色炸药）炸药。

1945 年 8 月 6 日，在希特勒政权已经倒台，欧洲战事基本结束的情况下，为了促使日本尽快投降，美国向日本的城市广岛投下了一枚名为"小男孩"的原子弹。8 月 9 日又向日本城市长崎投下了名为"胖子"的原子弹。这两枚原子弹带来了巨大的伤亡和长久的灾难。

1945 年 8 月 15 日，日本宣告无条件投降，第二次世界大战顺利结束。

二、"小男孩"光临日本广岛

日本当地时间 1945 年 8 月 6 日上午 8 时 15 分，美国在日本广岛市上空投下原子弹"小男孩"。这也是人类历史上第一场核武器空袭行动。原子弹"小男孩"的爆炸导致了广岛市十几万居民的死亡，整个城市几乎遭到毁灭性打击。广岛市原子弹爆炸事件，是在第二次世界大战末期也是整个人类历史上最悲惨的历史事件之一。

1945 年 8 月 9 日，美国继续对日本长崎市进行核打击，投下了名为"胖子"原子弹。在巨大的灾难面前，日本于 1945 年的 8 月 15 日宣布无条件投降。

根据相关资料的记载，"小男孩"爆炸的情形是这样的：1945 年 8 月 5 日，一架 B-29 飞机飞临广岛市上空。7 分钟后，广岛市发出空袭警报。实际上，这次飞行并不是真正的空袭，而是美空军第 509 混成部队的一架天气侦察机。

返回天宁岛后，B-29 飞机的飞行员向上级报告了第二天广岛市天气将会良好的状况。

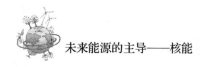

第二天，3架气象观测机再次从天宁岛起飞，时间是8月6日凌晨0时37分，其中，一架飞机飞往广岛市，一架飞机飞往小仓市，还有一架飞机飞往长崎市。

从天宁岛飞往目标广岛市，大约7个小时的飞行路程。所以，8月6日1时27分，搭载"小男孩"原子弹的"艾诺拉·盖伊"号开始准备起飞。1时45分，装载好了原子弹的飞机缓缓滑出跑道。2分钟后，也就是1时47分，记录原子弹爆炸情况的科学观测机起飞。1时49分，拍摄原子弹爆炸瞬间的摄影观测机也相继起飞。当时的情况是，一共有6架飞机参加了这次作战，当然包括"艾诺拉·盖伊"号在内。

8月6日上午6时30分，作战指挥官威廉姆海军上校和助手莫里斯陆军中尉以及投弹手托马斯陆军少校一起进入了飞机弹仓，他们拔出了原子弹"小男孩"的绿色安全插销，换上了红色的点火插销。

随后，装载原子弹的"艾诺拉·盖伊"号的雷达发现周围有飞机出现，但是一时无法辨别敌我身份。为了安全起见，"艾诺拉·盖伊"号飞机的飞行高度从2000米升高到了7800米。此时，日本的雷达也发现了"艾诺拉·盖伊"号飞机，并采取了相应的措施。但是"艾诺拉·盖伊"号躲过了日本的飞机的袭击，继续向目的地飞行。

8月6日上午7时，先行出发的天气观测机已经到目的地。它立即与"艾诺拉·盖伊"号飞机进行联系，报告了广岛上空的天气情况："广岛上空天气良好，视野10英里（1英里≈1.6千米），高度15000英尺（1英尺≈0.3米），云量1/12。"于是，广岛市就被最终确定为"小男孩"袭击目标。不幸的是，这架天气观测机被日军发现，引发了广岛市的空袭警报。上午7时31分，天气观测机飞离了广岛市，空袭警报也随后解除。

　　"艾诺拉·盖伊"号飞机到达广岛市以后，已经是上午8时9分。一分钟之后，日本雷达捕捉到了这架飞机侵入广岛市上空的信号。但是就在这段时间内，"艾诺拉·盖伊"号飞机已经飞到了广岛市上空，距离地面31 600英尺，大约9632米。机组人员将3组带有降落伞的观测设备投下飞机。广岛市民都看到了这3个降落伞。

　　上午8时12分，机组人员将飞机设置为自动操纵状态，进行了最后的准备工作，并设定好了投弹时间。上午8时15分17秒，定时装置发挥效用，"小男孩"被自动投下。同时"艾诺拉·盖伊"号飞机立刻改回手动操纵，转了个155度角的大转弯，飞回了天宁岛。

　　"小男孩"的目标是广岛中央太田川上的T字形大桥——相生桥。实际上，在进行了43秒的平抛运动后，"小男孩"于相生桥东南方的医院——广岛医院上空600米处爆炸。

　　原子弹爆炸引发的冲击波波及了还未离开太远的"艾诺拉·盖伊"号飞机，引起了飞机强烈的震动。机组人员还以为遭到了日本高射炮的袭击，后来才发现是原子弹爆炸的巨大冲击波。这架"艾诺拉·盖伊"号飞机最终到下午2时58分，才顺利回到了天宁岛。

　　但是，由于原子弹爆炸产生了大量射线，摄影机拍摄的照片的底片因为受到照射而全部曝光，最终无法冲洗。只有其他飞机拍摄的影像资料成为"小男孩"在爆炸之前的唯一图像资料。

三、难以估量的伤害

"小男孩"搭载了 50 千克的铀-235。原子弹爆炸瞬间，核裂变瞬间爆发的能量达到了 50 万亿焦耳，大约相当于 15 000 吨 TNT 爆炸当量。爆炸中心气压达到了数十万个大气压，极高的中心气压引发了极为强烈的冲击波和气浪，将一般的建筑尽数摧毁。

瞬间产生的巨大能量通过冲击波、热线、放射线等方式爆发出来，其中，冲击波占 50%、热线占 35%、放射线占 15%。

爆心的风压达到了 350 万帕斯卡，相当于在 1 平方米的地方加压 35 吨的重物。就算在半径 1000 米以内，风压也达到了 100 万帕斯卡。因此，在这样的情况下，除极其结实的钢筋混凝土结构的建筑外，所有的建筑全部遭到摧毁。2000 米以内的风压是 30 万帕斯卡，此范围以内的木质房屋全部被毁灭。

这次爆炸的威力，相当将 8 倍于东京空袭中炸弹（2000 吨）的总能量，在相当于东京市十分之一大小的地方爆发出来。

爆炸所产生的热线总能量大约是 22 万亿焦耳，即 5.3 万亿卡路里。爆炸中心的温度在 3000 摄氏度~4000 摄氏度。因此，爆心附近的房屋瓦片等纷纷"起泡"，早已超过着火点的木质房屋自动燃烧起来。包括广岛城在内的许多建筑无一留存。

在爆炸后的 3 秒内，热线大量放出。热线其实就是红外线，热线的能量与距离的平方是反比例关系。比如，爆心每平方厘米大约是 100 卡路里，500 米范围内每平方厘米为 56 卡路里，1000 米范围内每平方米是 23 卡路里。也就是说，地面受到的热线辐射能量相当于受普通太阳照射的 1000 倍。

"小男孩"爆炸还发射出了大量的 α 射线，β 射线，γ 射线和中子。

当初，原子弹爆炸发射出的大量放射线，使大量被害者得了急性放射能症。恶心、呕吐、食欲不振、腹泻、发热、脱毛、皮下出血等是急性放射能症的症状。也有人因此得了白血病，最终受到感染而身亡。其余被害者大部分在一个月内死亡。

随后赶来救援的人，因为防护措施不到位，也有人得了放射能症，不过数量较少。受黑雨影响的人，也得了二次放射能症。

关于中子的伤害，据推算，"小男孩"爆炸以后，地表每 1 平方厘米有高速中子 1.2 万亿个、慢中子（热中子）9 万亿个。中子具有巨大的杀伤力。

我们知道，中子不带电，因此具有较强的穿透力。由质子和中子组成的原子核，其质子带正电，中子从原子核里发射出来后，外界电场对它没有作用，因此可以穿透很多物体。在杀伤半径范围内，中子甚至可以穿透坦克的钢甲和钢筋水泥建筑物的厚壁，杀伤其中的人员，而对建筑物没有影响。

中子穿过人体时，就会使人体细胞或者组织内的分子和原子变质或变成带电的离子，引起人体里的碳、氢、氮原子发生核反应，破坏细胞组织，使人发生痉挛，间歇性昏迷和肌肉失调，严重时在几小时内就会死亡。

"小男孩"爆炸产生了巨大的蘑菇云，蘑菇状云里含有大量核辐射尘。这些核辐射尘和云中的水汽混合在一起，形成了黑色的雨，落在了广岛一带。这种雨具有高放射性，污染了河流和水源，而当时因口渴，不慎饮入这些雨水的难民，多数在数日内即死亡。

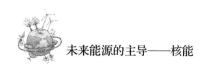
爆心 500 米以内的被害者，有 90% 以上的人当场死亡或当日死亡。500 米到 1000 米以内的被害者，60% 至 70% 的人当场死亡或当日死亡。暂时生存下来的人，有 50% 的人在 6 天内死亡。过了 6 天，又有 25% 的人死亡。

直到 1945 年 11 月，爆心 500 米以内的人 98% 已经死亡。500 米到 1000 米范围内，90% 的人已经死亡。根据一些资料，广岛约有 7 万人立即因核爆炸而死，包含时任广岛市市长的粟屋仙吉。

从 1945 年 8 月到 12 月，据统计，四个月间总共有 9~12 万人死亡。当然例外也是存在的，有一些人距离原爆点非常近，然而他们却存活了下来。野村英三便是其中的一位，当时他正在爆心 170 米外的地下室中。高藏信子则是位于 300 米外的广岛银行中，因为广岛银行相当坚固，所以她有幸存活了下来。

据估计，因烧伤、辐射和相关疾病的影响，到 1945 年年底，死亡人数约从 9 万上升到了 14 万。到 1950 年止，因为核辐射引起的癌症和其他的长期并发症，"小男孩"共导致 20 万人失去了生命。

四、反思

第二次世界大战期间，日本的侵略暴行给中国和亚洲其他地区的人民带来了深重的灾难。除了以暴制暴之外是不是还有别的方法，深究这个问题需要日本真正地认识到自己的错误。然而战后美国史界一直存在声音，认为使用原子弹是不恰当的行为，当然，也有人认为原子弹加快了战争的结束，拯救了更多的生命。

时间已经过去了几十年，人类对原子弹和其他核武器的认识也更进了一步。伤害，让很多有识之士反对核武器，反对核武器扩散。

小资料：原子弹给人造成哪些伤害

原子弹爆炸对人所造成的伤害主要有以下几种类型：烧伤，主要由于闪光辐射热和爆炸所引起的火灾。闪光灼伤一般只限于面对爆炸中心的暴露在外的皮肤，被灼伤的皮肤几乎立即表现出明显的红色，并在几小时内很快发生变化。

一般任何类型的遮蔽都能保护皮肤不受灼伤，但是在爆炸中心的受难者的衣服被穿透一层，尤其是黑色的部分和穿着较紧的部分如肘部、肩部。穿不同颜色衣服的人受到的灼伤有很大的不同，灼伤程度取决于贴着皮肤的纺织品的颜色。

例如一件黑白条纹的衬衣，黑条全部被烧掉而白条安然无恙。一张暴露在离爆炸中心约 1.5 英里之处的一张写字的纸张，纸上用黑墨水写的字被工整地烧掉镂空。闪光灼伤的死亡率为 75% 左右，一般超过 50%。灼伤与离爆炸中心的距离很有关系，广岛的灼伤受难者在轰炸之时离爆炸中心都在 7 500 英尺之内，长崎则在 13 800 英尺之内。

由于建筑物的倒塌、碎片的飞击等造成的机械伤害。据估计，广岛被割伤的受难者离爆炸中心不到 10 600 英尺，长崎 12 000 英尺。爆炸所引起的冲击波是如此之大，在远离爆炸中心 1 英里之外都有造成许多类似的伤亡。高压爆炸可引起直接压缩效应。对于这个因素所造成的死亡人数很难估计，正对爆炸中心的地面所承受的压力和杀伤力不如周围几百英尺内的杀伤力。

辐射伤害，主要来自 γ 射线和中子的瞬间辐射。来自核爆炸的辐射主要是在爆炸后的第一秒至第一分钟内发生，造成伤亡的最主要因素是人员与爆炸中心的距离，研究表明，长崎在 14 000 英尺距离内、广岛 12 000 英尺距离内的人员全部死亡。据估计在露天的人在离爆炸中心 0.75 英里之处对辐射效应来说有 50%的幸存机会。没有暴露在原子弹直接爆炸下的人不会受到放射性的伤害，没有出现任何类型的持久性的放射性所致的伤害。

　　据计算，广岛可能由持续放射性吸收到的最高剂量为 6~25 伦琴的 γ 辐射，长崎为 30~110 伦琴的 γ 辐射。辐射伤害者的早期症状类似接受过强烈 X 射线的病人，主要是出现严重的毛发脱落、明显的瘀斑（皮下出血）和其他出血症状（牙龈、视网膜出血、愈合伤口破裂等，血小板明显减少）、咽喉口腔等部位发炎溃疡、腹泻呕吐及发烧等。

第三节　美国三里岛核事故

1979 年 3 月 28 日，三里岛核电站发生了事故。启动已有 4 个月的 2 号设备的冷冻阀门时出现了故障。将发动机内部蒸汽转换为水的冷冻水量下降，因为蒸汽压力过高，钢管破裂了。温度攀升，原子炉被高温熔化，从中流出的放射性物质填满了建在周围的 1 米多厚的机壳容器。因为有机壳容器，并没有对周围造成过多的影响。

一、事故详情

美国的三里岛核电站位于宾夕法尼亚州哈里斯堡，萨斯奎哈纳河的三里岛。

三里岛核电站沸水式反应炉功率有 95 万千瓦，每小时可产生饱和蒸汽 7 620 000 磅（1 磅≈0.4536 千克），推动汽轮发电机，热效率可达 35%。其中，每部设备每年可发电 50 亿千瓦。

三里岛核电站有 164 米高的冷却水塔，每分钟会有 1700 吨的水被抽入冷却水塔，其中的 40 吨水会变成白茫茫的蒸汽，蒸汽涡轮的钢制外壳重达 99.32 吨，外壳之下是保护转子的重达 32

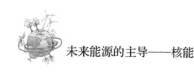

吨的内壳，再里面就是蒸汽轮机的核心部件——80 吨重的转子，当涡轮叶片旋转时候，叶片尖的速度甚至会两倍于音速，在当初建造的时候，为了防止出现放射性物质的泄漏，整个设备都被包裹在了 3 米厚重的混凝土块下面。

1979 年 3 月 28 日，三里岛核电站发生了美国历史上最严重的核泄漏事件，即三里岛核事故。

三里岛核电站是压水反应堆结构。当时反应堆正在稳定地接近满功率运行，清晨 4 时，蒸汽发生器给水系统出了点毛病。因此，汽轮发电机自动脱扣了，控制棒插入反应堆，导致反应堆功率下降。

三台备用给水泵本应供应冷却水，可是它们没有工作，具体原因事后才搞清楚，那是因为一个通往蒸汽发生器的阀门给错误地关闭了。8 分钟之后才发现这个错误，人们打开了阀门，但蒸汽发生器已经被烧干了。

因此，水冷却剂温度和压力增加，顶开了稳压器上的安全阀。这样，冷却剂就跑到一个称为骤冷箱的容器里去了，骤冷箱是用来凝结和冷却从反应堆系统内释放出来的物质的。

等到操纵员搞清楚稳压器安全阀卡住了，一直保持开的状态，已经是两个小时之后了。大量冷却剂被释放出来，最后充满了骤冷箱，冷却剂冲破了箱上的安全膜而流出来，而大量放射性的冷却水灌进了安全壳厂房，一直流进疏水坑。

同时，反应堆压力继续下降。随后，启动了紧急堆芯冷却系统。高压泵把水补进反应堆容器，根据操纵员的观测，看来稳压器已灌满了水，这样它无法起到任何作用。因此人们决定关闭紧急冷却系统。后来又停了反应堆主泵。这样严重缺水造成了堆芯过热并被烧干。

虽然产生功率的裂变已经停止了，但是裂变产物衰变热仍产生大量余热，流过堆芯的冷却剂流量不足以冷却燃料棒，燃料棒受到了某种程度的损坏。大量的放射性物质，特别是氙、氪之类的气体与碘一道从反应堆泄漏了出来。

幸运的是，在这次事故中，主要的工程安全设施都自动投入，同时由于反应堆有几道安全屏障（燃料包壳、一回路压力边界和安全壳等），因而无一伤亡，在事故现场，只有 3 人受到了略高于半年的容许剂量的照射。

核电厂附近 80 千米以内的公众，由于事故，平均每人受到的剂量不到一年内天然本底的百分之一，因此，三里岛事故对环境的影响不大。

二、影响长久

尽管事故并没有造成大量的人员伤亡，但是事故发生后，仍然导致全美震惊，核电站附近的居民更是惊恐不安，约 20 万人撤出了这一地区。美国各大城市的群众和正在修建核电站的地区的居民纷纷举行示威集会，强烈要求停建或关闭核电站。甚至美国和西欧一些国家不得不重新审视发展核动力计划。

因为担心会造成其他不良影响，当地政府将三里岛核电站所在的道芬县的孕妇与孩子们转移到了其他地区。而后，周围的居民也因担忧核辐射的伤害而移居到了其他地区。当时的总统吉米·卡特访问事故现场，宣布了"美国不会再建设核电站"的决定。同时，因为事故造成的后遗症，建造三里岛核电站的巴布科克和威尔科克斯公司最终倒闭。

因为美国不再建造与核电站相关的工程，核电站领域的佼佼者——西屋公司随后将主导权转让给了日本的东芝株式会社，通过在国外建设核电站，维持公司的生存。在这一期间，韩国、日本及法国持续建设核电站，维持了国产化。

　　进入 21 世纪，美国付出了停止建设核电站的代价。电力缺口越来越大，纽约州甚至因为电能的缺口经历了一场漆黑。

　　在现实的压力下，美国政府改变计划，修理核电站暂时缓解了缺电情况。

　　2011 年，美国总统巴拉克·奥巴马，发表了重新建设核电站的计划。但是，在过去的几十年里，美国一直放弃了新的核电站建设，因此目前无法自行建设核电站。

　　2012 年，美国核管局（NRC）新批了 2 个核电站的四台机组，全是西屋公司生产的 AP1000，这两个核电站分别为沃格特勒核电站（Vogtle）和萨默尔核电站（Summer），核电站在美国又开始了它自己的旅程。

第四节　切尔诺贝利核事故

1986 年 4 月 26 日，苏联的切尔诺贝利核电站，由于工作人员的违章操作，再加上当时的核电站技术也不是很成熟，导致发生了严重事故，损失巨大，影响深远。

切尔诺贝利核事故被人们认为是历史上最严重的核电事故，也是首例被国际核事件分级表评为第七级事件的特大性核事故。经济上，这场灾难总共损失大概两千亿美元，是现代历史中代价最"昂贵"的灾难事件。

切尔诺贝利核电站，位于基辅以北 130 千米处。建有 4 个反应堆，每个堆发电功率为 100 万千瓦，由于连年出色完成生产计划，被评为模范单位。

切尔诺贝利核电站采用的是石墨沸水堆。工作原理是，核燃料放在锆金属压力管中，压力管从下向上打水，水流过燃料组成的堆芯，吸收裂变产生的热量，到堆的顶部变成汽水混合物。这些汽水混合物再用分离器分成蒸汽和水，蒸汽用来推动汽轮发电机发电。

水与冷凝水混合，再由泵打入压力管中，再循环下去。装核燃料的压力管的中间装有很多石墨棒，它们使裂变中出现的快中

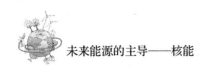

子"慢化"，也就是用石墨来调节裂变，让裂变不要太"激烈"，让它不是瞬间产生巨大的热量，而是缓慢产生热量。

一、事故详情

1986年4月25日1点00分，切尔诺贝利核电站的4号反应堆操纵员，根据停堆检修计划，开始降低反应堆的运行功率，并切断了反应堆事故冷却系统。当时正是周末，基辅动力公司调度员不同意现在把反应堆停下来，使反应堆在没有冷却系统的情况下运行。

其实，在停堆前借这个机会进行"惰转"实验，并没有什么特别的，目的是在停堆过程中对汽轮发电机进行实验，测一些数据。但是操作员没有操作好，结果一下子使反应堆功率下降到几乎为零，正常的操作应是逐渐降低，为了更快地完成实验，又把石墨棒提升起来。我们知道，石墨棒是控制棒，控制反应堆裂变的程度。

这种核反应堆，在功率小于额定功率20%时，反应堆是"正反馈"，也就是反应加强一点，它自动地使反应更强，更强的反应，又使反应更加剧，这样，反应堆产生热量就会急剧上升。

操作严重违反了规定，因为按规定，反应堆内控制棒最低应保持30根，少于30根需得到总工程师的批准，但是在任何情况下，反应堆内的控制棒绝对不允许少于15根。可是，切尔诺贝利核电站的工作人员把控制棒抽得只剩8根。

本来，反应堆还有自动保护系统，只要反应堆的温度、压力、功率增长速度超过警戒值，反应堆会自动停堆，以便保证安全，这个警戒值距事故发生还差很远，所以，这种安全系统完全可以弥补操作上的错误，保证反应堆安全。

但是，切尔诺贝利核电站的工作人员为了方便，防止在实验中保护系统自动中断实验，4月25日，他们把本来就不算多的安全保护系统大多关闭了。

就这样，反应堆在没有冷却系统，没有安全保护系统条件下，违反正常规定条件下运行。结果是，反应堆中蒸汽急剧增加，热量传不出去，烧坏了燃料棒，热量使载热剂激烈沸腾，进入被毁坏的燃料颗粒中，管道中压力上升。

1点23分40秒，4号动力机组值班主任发现了事故的严重性，命令反应堆管理处主任工程师按最有效事故处理办法，控制棒下落。但几秒钟后，听到碰撞声。操作员看到安全棒停止不动了。

他们立即把拖动控制棒的拖动装置联轴节断掉，想让控制棒以自身重量使之下降，但控制棒仍不动。

其实，这已经晚了，控制棒即使下降到反应堆中，中子已太多，也控制不了反应堆了。

23分48秒，产生第一次热爆炸。三四秒钟之后又产生了第二次爆炸。爆炸使反应堆金属构件移了位，全部高压管被毁，反应堆厂房倒塌。堆内石墨和核燃料飞出堆外，产生大火，火焰高达30米。

二、影响与总结

幸运的是，切尔诺贝利核电站周围的居民正在家中睡觉，没有受到爆炸时放射微粒和气浪的伤害。爆炸4分钟以后，14人

组成的护卫核电站军事化消防队值勤人员赶到现场进行灭火。7
分钟后，核电站所在的普里皮特城的消防队赶到现场。进行救
火，在有强辐射条件下，在熊熊大火之中，在热水热蒸汽的喷流
中，用一个多小时，基本把大火扑灭，防止大火蔓延到其他反应
堆，避免了更严重的爆炸发生。

他们许多人受了烧伤或强辐射的照射被送进医院，有的牺牲
了，有一个叫沙申诺克的，在医院中苏醒过来时说："离开我，
我是从反应堆那儿来的，快离开！"他的话，给人们留下了永久
的记忆。

发生事故时死了 2 人，事故后不久又死去 29 人。由于事故，
放射性物质大量排放，造成了严重的放射性污染。

4 月 27 日开始，苏联政府疏散了切尔诺贝利核电站 30 千米
半径以内的居民 13.5 万人。为防止放射性物质的外泄，还用飞
机空投大量的硼、白云石、沙子、黏土、铅，用来覆盖毁灭了的
反应堆，并向堆内灌 -196℃液体氮，以便降低堆内温度。

为了防止水源遭受污染，在反应堆底部灌注了混凝土防渗
层。在反应堆的四周，建造了厚 1 米以上的密封防护墙，把反应
堆完全密封起来。到 1987 年年底，处理切尔诺贝利事故，直接
开支达 40 亿卢布（当时合 60 亿美元），这还不包括以后的开支
和其他损失。

切尔诺贝利核电站事故发生后，经过三个月的调查和研究，
苏联库尔恰托夫原子能研究所第一副所长列加索夫认为当时的处
置有六条致命差错，通过苏联官员发表的切尔诺贝利核事故报告
传达了出来。其中最重要的是关闭了紧急冷却系统，用他们的话
说就是，这点违反了"最神经的规则"。

他还说，如果其他五条差错中有任何一条能够避免，那么就

不会导致这场严重事故的发生了。而即使发生了五条差错，若是紧急冷却系统还能工作的话，那么问题仍可以控制在局部范围内。苏联切尔诺贝利核事故原因报告，特别强调了这次事故的原因是"人为的差错"。

这次切尔诺贝利核电站严重事故产生了巨大的影响，不仅限于苏联国内，而且波及全世界，使得世界核电发展，受到严重的挑战。

西方核专家认为，苏联核反应堆的设计是有缺陷的。比如，法国原子能局的汤姆·马香博士认为，苏联反应堆的石墨慢化剂必须在比其他反应堆慢化剂高很多的温度下进行操作才能正常运行。但是这样的情况本身就存在着极大的安全隐患。

另外，在反应堆的周围没有建造防止渗漏的防护设施，因此放射物大量泄漏时没有办法阻止它进入大气层。马香博士的说法表明了，石墨水冷反应堆虽然造价低廉，但工艺落后，安全性比较差，现在美国、法国等已不再建造这种反应堆。最重要的一点是苏联的核反应堆没有安全壳，这就使得反应堆少了一道非常重要的防护设施。

与之相对照的是美国三里岛核电站，虽然也出现过严重事故。但由于具有安全壳，有效地阻止了放射物质的外漏。所以，并没有导致严重的大气污染，也没有造成大量的人员死亡，这是事实。此外，瑞典的原子能科学家弗·亚努奥赫教授认为，苏联核电站缺少先进的核反应堆电能安全系统，在紧急时刻没有外来电能的保障，这也可能是造成切尔诺贝利核电站发生严重事故的原因。

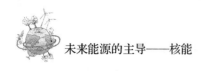
小资料：国际核事件分级表

国际核事件分级表是由国际原子能机构和经济合作与发展组织核能机构于 1990 年共同制订的，目的是以协调一致的方式迅速向公众通报有关核事件和放射事件的安全重要性。

2008 年国际原子能机构对国际核事件分级表进行了修订，使其适用范围从核设施事件扩大到与辐射和放射性物质有关的所有事件，包括核运输相关事件。因此，修订后的国际核事件分级表称作"核事件和放射事件分级表"。

国际核事件分级表将核事件分为 7 个级别：1 级至 3 级称为"事件"，4 级至 7 级称为"事故"。

国际上通常采用国际核事件分级表，对核电厂事件进行分级。就像用里氏震级了解地震、用摄氏温标了解温度一样，利用分级表可了解各种核相关活动中发生的事件的安全重要性。

国际核事件分级表对核事件的分级基于对人和环境、放射性屏障和控制、纵深防御三方面的影响。

1986 年苏联切尔诺贝利核电站事故按照国际核事件分级表被定为 7 级。1979 年美国三里岛核电站事故按照国际核事件分级表被定为 5 级。

第五节　日本福岛核电站泄漏事故

2011年4月，受东日本大地震影响，福岛第一核电站损毁极为严重，大量放射性物质泄漏到外部。法国法核安全局先前已将日本福岛核泄漏列为六级。2011年4月12日，日本原子能安全保安院根据国际核事件分级表将福岛核事故定为最高级7级。

一、事故详情

2011年3月，日本发生了里氏9.0级地震，地震导致福岛县两座核电站反应堆发生了故障，其中第一核电站中的反应堆震后发生了异常，导致了核蒸汽外泄。3月12日发生了小规模的爆炸，有人认为或因氢气爆炸所致。福岛核电站在技术上是单层循环沸水堆，直接引入海水作为冷却水，安全性无法保障。

3月14日，又一次地震后，核电站发生爆炸。爆炸发生后，福岛核电站的辐射性物质进入风中，当地的风向为从日本东部吹向太平洋方向，放射性物质通过风传播到美国，但是经过削弱放射性几乎微不足道。

16日上午，福岛核电站的4号反应堆再次发生火灾，两名

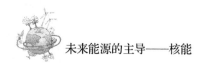

核电站工作人员下落不明，并已经紧急通知了福岛县政府和消防部门。

东京时间16日上午8点15分，火势已得到控制。两名核电站工作人员仍下落不明，东京电力公司认为这两名工作人员是"在11日的大地震后即告失踪，而不是14日核电站爆炸后失踪"。

日本政府请国际原子能机构数日内派出专家小组帮助应对日本大地震引发的核电站事故。由于核电站附近已经非常难接近，国际原子能机构只能派遣小规模的专家小组进行救援。

时任日本首相的菅直人要求核电站方圆20千米以内的所有居民撤离，方圆20至30千米以内的居民在室内躲避。

同时，在福岛核电站附近检测到铯和碘的放射性同位素，专家认为有氮和氩的放射性同位素泄出也是很正常的，然而钚泄漏也已经出现，这样的情况就非常令人担忧。

福岛第一核电站在"311"特大地震和海啸发生后，一直处于"各种泄漏险情"不断发生的状态。因其中一座反应堆使用铀和钚的混合物做燃料，因此外界一直担心，这两种辐射超强的元素可能会泄漏到周边环境中，给当地人乃至全球食物链造成重大污染。

这一担心并不是多余的。截至2013年8月7日，福岛第一核电站每天仍然至少有300吨污水流入海中。福岛第一核电站附近被污染的地下水也正渗漏入海。

放射性物质的污染，就是以这样难以处理的方式渐渐地侵袭人们清洁的生存环境。

2013年10月9日，福岛第一核电站发生一起重大事故，在污染水处理设施作业时，作业人员错将配管线拔出，造成了大量高浓度污染水的外泄，在现场作业的9人中有6人遭到了放射性污染水的喷淋。后来经过检测，这样的污染水中的放射性锶的含量高达 3700 贝克勒尔/升。

2013 年 10 月 10 日，东京电力公司宣布，从福岛第一核电站港湾外的海水中检测出了放射性铯，活度为 1.4 贝克勒尔/升。检测人员在电站外边的土壤中发现了微量的"钚"（原子弹材料）。钚是剧毒的放射性同位素。但是日本官员称，这些放射性很强的钚元素因含量太低，不会对人体的健康造成危害。与此同时，电站内数百立方米放射性污水仍然没有合适的地点排放。

在一个燃料棒的核反应结束后，其中仍含有铀、钚和其他剧毒放射性副产品。值得说明的是，日本福岛一号核电站拥有的六座核反应堆有个共同特点，那就是它们用过的燃料棒中都含有可用来制造核武器的原料"钚"。同大家熟悉的核燃料铀相比，钚元素的毒性更大。

根据核反应的相关资料，这些钚及其同位素大多是铀-235 在发生核裂变反应过程中自然形成的，并不是人为加工的。钚的出现则表明了反应堆很可能发生了熔化与泄漏现象。同时，由于人类曾多次开展核武器爆炸试验，钚元素从爆炸核心向外扩散，世界上的很多地区都或多或少地含有微量钚元素。

现在，在福岛核电站的六座核反应堆内还存有 3400 吨乏燃料棒，还有 877 吨核燃料棒装载在反应堆中。这些放射性物质一旦泄漏出来，就会给人类的生存环境带来毁灭性的伤害。因为它们不会很快消失，钚半衰期高达 2.5 万年。而铀-235 的半衰期则高达 7 亿年。相对于人们的生命长度来讲，这就是永恒。

核安全问题专家介绍，钚对人体肺和肾威胁较大，而且同铀相比更不稳定，容易引发爆炸和其他泄漏事故。美国方面认为，福岛第一核电站内的核反应堆使用铀-235 作为燃料，并且在附

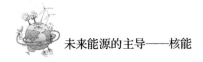

近都设有"乏燃料存放池"。这样，整个电站现在相当于一座伤痕累累的大型"钚仓库"。

小资料：钚，真的那么恐怖吗？

坊间和网络上曾经流传，作为核燃料的钚是世界上最毒的物质，5克钚就可以毒死全世界的人类。如果真的存在这种情况，那么世界上那么多的核电站和核反应堆，它们产生的钚只要泄漏一部分，全世界的人岂不是危险了？

那么，日本福岛第一核电站区域出现了放射性物质钚的泄漏。人们又该怎么办呢，钚的泄漏真的那么恐怖吗？

根据美国能源部门的资料，如果毒性指的是人服入后产生的致命作用，那么钚其实并不很毒。它的毒性远比不上某些毒蘑菇和砒霜这种只要少量就立刻致命的东西。钚产生的 α 射线连一张纸或者几厘米的空气都无法穿透。一般来说也不会透过人的衣服和皮肤。

钚对人体的伤害主要是通过人吸入钚的微粒而引起的，它会进入肺部，从而进入血液，之后可能富集在骨髓中。钚及它的大部分同位素的半衰期都很长，所以它们基本上会在人体里终身存在，长期对身体造成辐射影响。这才是钚毒性存在的关键。

作为一种危险的放射性物质，我们当然不能否认钚的毒性，但是据此说它是世界上最毒的物质肯定是不正确的。总的来说，钚的毒性基本上和神经毒气差不多。钚在人体里的存在是一个长期的过程，它不像其他毒药那样可以直接将人毒死，比如砷、氰化钾等，它的主要毒性就是因为它有放射性，而且半衰期很长。目前的正式的文献都没有提到钚的剧毒。

当然，出现在核电站事故的空气污染中的钚仍然算种强毒性的物质。

容易与钚混淆的是另外一种物质，是居里夫妇发现的钋，中文读 Po，他们以 Po 命名，是为了纪念居里夫人的祖国波兰。可惜钋却是世界上毒性最强的物质。钋的毒性超过液体氰化钾 25 万倍，1 微克的钋就可以让体重 80 千克的成人死亡。

20 世纪 60 年代，人们发现烟草的烟里有微量的钋-210，这是因为烟草这种植物的根更容易吸收钋-210。这可能也是经常吸烟的人为什么更容易得癌症的原因吧。

二、福岛 50 死士

福岛核电站事故发生后，为了能够迅速地控制放射性元素的泄漏，征集了很多老年志愿者参与相关工作，也有的人是原来东京电力公司的员工，这些人面对的是存在着极高的辐射剂量的工作环境和不可知的命运，他们被人们敬称为"福岛死士"。

"福岛死士"多为老人。请年老退休的志愿者来充当死士，他们这样做，并不是因为他们的生命不珍贵，不是因为他们更有经验，也不是因为他们更熟练，而是因为即使他们受大剂量辐射，他们或许也能够安享晚年，因为人体遭受辐射之后，并不是立即就会出现癌症，而是会有一段时间的潜伏期，这就有可能导致这些遭受辐射的老人等不到癌症被诱发出来就自然逝世。

有关专家认为，癌症也有可能 30 年后才出现。白内障则有可能在 40 年内出现。

不过，哥伦比亚大学核研究者埃立克·霍尔说："鼓励老人来做，是因为他们已过了生殖期，而不是因为他们有较少癌症风险。这是一种久已有之的做法，医院做镭放射疗法时，都是让年老员工来做镭保管人，因为他们已过了生育期。"

这些人员的任务是向已经暴露的核燃料注入海水。这些核燃料一部分已经熔化并释放出辐射物。因为如果它们全部熔化，它们将释放出数千吨的辐射烟尘，危害到数百万人的生命安全。

由于福岛核电站的电源受到海啸破坏，没有光源，核电站内部已经漆黑一片。但即使面对黑暗、辐射、海啸和地震的恐惧，他们仍需在核电厂内继续工作，不断注入海水对反应堆进行冷却。

在黑暗中，他们头戴呼吸器或者身背氧气筒，拿着手电筒穿过迷宫一般的设备，耳畔不断响起氢气与空气接触后爆炸的声音。虽然他们都穿着白色的连体衣，戴着紧身头罩，但这些仅能提供微不足道的辐射防护。

他们的家属也在焦急地等待着他们的归来。一名志愿者的女儿留言道："我爸爸去核电站了。从来没听到母亲哭得如此厉害。核电站的人们在拼命工作，牺牲了他们自己来保护大家。爸爸，活着回来吧！"

一名27岁的年轻女子在微博上发文，称她的父亲就是这50名志愿者当中的一员。她在博文中写道："他本来还有半年就可以退休了，平时他在家里也不像是个很有能力的人，但当我听说他自愿留下，我感动得流泪了，我为他而骄傲，为他能平安回来而祈祷。"

在灾难面前，留守在福岛核电站的这些志愿者，就是人性的闪光。他们那种为了别人的生命安全而以身蹈难的奉献精神和勇敢行动，体现的是真正的人性之美、人间大爱。在核能利用的道路上，危险和灾难是少不了的，但是，无论面对怎样的困难，有了这样舍生的精神，也都是可以克服的。

在能源问题越来越关键的今天，核能是唯一可能担负未来能源替代任务的能源。但是，要想做到这点，就必须将核能的安全利用作为首要条件，因为人类不能为了一时的方便，而给自己和后人留下后患无穷的问题。

安全利用核能，已经成为全世界人们的共识，我们相信，随着科学技术的发展，在不久的将来，人们一定可以更加熟练地驾驭这种清洁的新型能源。

参考文献

[1] 周志伟. 新型核能技术——概念、应用与前景. 北京：化学工业出版社，2010.

[2] 何能. 核知识读本. 北京：经济日报出版社，2011.

[3] 柴建设. 核安全文化理论与实践. 北京：化学工业出版社，2012.

[4] 魏义祥，贾宝山. 核能与核技术概论. 哈尔滨：哈尔滨工程大学出版社，2011.

[5] 钱达中，谢学军. 核电站水质工程. 北京：中国电力出版社，2008.

[6] 国家能源局，国家核安全局. 画说核安全. 北京：人民出版社，2008.

[7] 朱华. 核电与核能. 杭州：浙江大学出版社，2009.

[8] 俞冀阳，俞尔俊. 核电站事故分析. 北京：清华大学出版社，2012.

[9] 罗顺忠. 核技术应用. 哈尔滨：哈尔滨工程大学出版社，2009.

[10] 约翰·塔巴克. 核能与安全：智慧与非理性的对抗. 王辉，胡云志，译. 北京：商务印书馆，2011.

[11] 马栩泉. 核能开发与应用. 北京：化学工业出版社，2014.

[12] 王喜元. 从核弹到核电：核能中国. 合肥：中国科学技术大

学出版社，2009.

[13] 吴沅，翁史烈.新能源在召唤丛书：话说核能.南宁：广西教育出版社，2013.

[14] 王志坚.恶魔与天使之谜：原子、核能事件探秘.北京：中国青年出版社，2004.

[15] 雅风斋.科学普及读物：威力无比的核能.北京：金盾出版社，2012.

[16] 龙飞.科普新课堂：核能史话.呼和浩特：远方出版社，2007.

[17] 李丽英.核能：威力惊人的能量.合肥：安徽科学技术出版社，2012.

[18] 刘云秀.无限风光新能源：核能利用.天津：天津科技出版社，2013.

[19] 何一涛.绿色的核能科技.兰州：甘肃科学技术出版社，2013.

[20] 王为民，李银风，刘万琨.核能发电与核电站水电热联产技术.北京：化学工业出版社，2009.